计算机类精品系列教材

Python 基础实训教程

席二辉　李　满　主　编

刘金华　张嘉利　彭建烽　林国宇　副主编

電子工業出版社
Publishing House of Electronics Industry
北京 · BEIJING

内 容 简 介

本书分为前后两部分：第一部分以 Python 基础知识为主，案例贯穿始终，主要包括基础知识、面向对象、多线程、数据库编程、图形界面设计和文件操作；第二部分以小游戏和项目开发案例为主线，在游戏和项目设计与开发中学习知识点的应用，做、学、练于一体。本书语言精练、层次清晰、由浅入深，以案例为主线讲解知识点，以精心设计的 5 个具有吸引力的游戏和项目作为章节名称进行知识点的实践训练，激发学生学习兴趣和学习愿望。

本书提供完整的课程资源包，包括案例源代码、课件 PPT 等。

本书可以作为本科院校计算机相关专业 Python 基础课程的教材或实践配套教材，也可以作为非计算机专业 Python 语言公共基础课教程和大专、培训类学校的教材，还可以作为程序员或编程爱好者的参考用书。

图书在版编目 (CIP) 数据

Python 基础实训教程 / 席二辉，李满主编. — 北京：电子工业出版社，2023.1

ISBN 978-7-121-44864-5

Ⅰ. ①P… Ⅱ. ①席… ②李… Ⅲ. ①软件工具－程序设计－高等学校－教材 Ⅳ. ①TP311.561

中国国家版本馆 CIP 数据核字(2023)第 014874 号

责任编辑：孟 宇
印 刷：三河市双峰印刷装订有限公司
装 订：三河市双峰印刷装订有限公司
出版发行：电子工业出版社
北京市海淀区万寿路 173 信箱 邮编：100036
开 本：787×1092 1/16 印张：11.25 字数：288 千字
版 次：2023 年 1 月第 1 版
印 次：2023 年 1 月第 1 次印刷
定 价：49.80 元

凡所购买电子工业出版社图书有缺损问题，请向购买书店调换。若书店售缺，请与本社发行部联系，联系及邮购电话：(010)88254888，88258888。

质量投诉请发邮件至 zlts@phei.com.cn，盗版侵权举报请发邮件至 dbqq@phei.com.cn。

本书咨询联系方式：mengyu@phei.com.cn。

前　　言

经过 30 多年的发展，Python 语言已经渗透到计算机科学与技术、可视化技术、大数据与人工智能、统计分析、财务管理、图形编程与图像处理、游戏设计、密码学、生物、化学、医药辅助设计、天文信息处理等几乎所有专业和领域，已成为目前最受欢迎的计算机设计语言之一。

Python 是一门免费、开源、跨平台的高级动态编程语言，也是一门快乐、优雅的生态语言。Python 支持命令式、函数式编程，完全支持面向对象程序设计，拥有大量功能强大的内置对象、标准库和扩展库。Python 中的很多功能都可以通过直接调用内置函数或标准库方法实现。Python 易学易用，语法简洁清晰，代码可读性强，编程模式符合人们思维方式和习惯。

本书的编写是根据 Python 语言基础教学的特点，以及课程的知识、能力、素质目标的要求，既覆盖相关知识点，又重点突出实践能力、素质的培养和编程思维的培养。本书语言精练、层次清晰、由浅入深，以案例为主线讲解知识点，并精心设计了 5 个具有吸引力的游戏和项目作为章节名称进行知识点的实践训练，可以有效地提高学生的学习兴趣和满足学生学习愿望，使学生愉快地学习。本书共分为 11 章，前 6 章是基础知识讲述，后 5 章是以游戏和项目为主线的实践训练。

第 1 章基础知识，主要讲解 Python 语言的发展、特点、开发环境、程序编写规范及与其他语言的差别、数据类型和变量、控制结构和函数与模块等。第 2 章面向对象，主要讲解类与对象、构造与析构方法、变量、方法、继承和多态。第 3 章多线程，主要讲解线程的概念、创建线程、join 和线程同步等知识点。第 4 章数据库编程，主要讲解数据库的基本概念、数据类型、SQLite 基本操作和 SQLite3 编程。第 5 章图形界面设计，主要讲解 tkinter 的功能、布局管理器、常用组件和事件处理。第 6 章文件操作，主要讲解文件的打开与关闭、文件的读/写和目录与文件。整个基础知识的讲解语言精练，知识点突出，中间穿插大量的实例，易读易学易练。第 7、8、9、10、11 章分别以猜数字、飞船绕行星旋转、连连看、推箱子和贪吃蛇开发为主线，讲解利用 Python 开发这些游戏和项目的设计思路、关键技术、设计流程和代码实现。后 5 个章节的内容由浅入深，环环相扣，理论联系实际，使学生快乐地学会应用 Python 开发项目。

本书的第 2、6、9 章由李满老师编写，第 3、4、7 章由席二辉老师编写，第 1、5 章由刘金华老师编写，第 8 章由彭建烽老师编写，第 10 章由张嘉利老师编写，第 11 章由林国宇老师编写，全书由席二辉老师、李满老师统稿和审稿。本书在编写过程中得到了 Maalla，Allam、万世明和广州泰迪智能科技有限公司的的大力支持，在此表示衷心的感谢！

本书内容基于 Python 3 编写，所有源代码均在 Python 3 编程环境下运行通过，课程资源可在 https://www.hxedu.com.cn/中获得。

本书为广州工商学院“十三五”教材建设经费资助项目，由广州工商学院联合校企合作单位广州泰迪智能科技有限公司合作编写。

由于编者水平有限，本书在编写过程中难免出现错误和疏漏，诚恳大家批评指正。

编　者

2022 年 6 月

目　　录

第1章 基础知识

本章作为Python语言的基础知识部分，主要讲解Python语言的基本知识、数据类型和变量、控制结构、函数与模块。Python语言简介部分概述Python语言的特点、开发工具；数据类型部分描述常用数据类型的使用方法；控制结构部分对分支、循环结构进行了说明，并通过实例讲解控制语句的应用。

1.1 Python语言简介

1.1.1 认识Python

1. 计算机语言

在学习Python语言之前，首先对计算机语言进行简单介绍。什么是计算机语言？计算机语言有多少种？目前比较流行的语言有哪些？

百度百科上对计算机语言的定义是：计算机语言（Computer Language）是指用于人与计算机之间通信的语言。为了使电子计算机进行各种工作，就需要有一套用以编写计算机程序的数字、字符和语法规划，由这些字符和语法规则组成计算机各种指令（或各种语句），这些就是计算机能接收的语言。

计算机语言的种类非常多，概括起来，可以分成机器语言、汇编语言和高级语言三大类。机器语言和汇编语言属于低级语言。

机器语言是指一台计算机全部的指令集合，是第一代计算机语言。二进制是计算机语言的基础。

汇编语言是用一些简洁的英文字母、符号串来替代一个特定的指令的二进制串，使人们很容易读懂并理解程序在干什么，纠错及维护都变得方便，这种程序设计语言就称为汇编语言，即第二代计算机语言。

高级语言是相对于汇编语言而言的，它并不是特指某一种具体的语言，而是包括了很多编程语言。如C、C++、智能化语言（LISP、Prolog、CLIPS、OpenCyc、Fuzzy）和动态语言（Python、PHP、Ruby、Lua）等。高级语言是绝大多数编程者的选择，目前使用较多的高级语言有C、C++、C#、Java、Python、PHP等。

2. 认识 Python

在 TIOBE 公布的 2021 年编程语言榜单中（如图 1-1 所示），排名靠前的有 C、Java、Python、C++、C#、Visual Basic、JavaScript、PHP、R、Groovy 等。

Jan 2022	Jan 2021	Change	Programming Language	Ratings	Change
1	3	^	Python	13.58%	+1.86%
2	1	v	C	12.44%	-4.94%
3	2	v	Java	10.66%	-1.30%
4	4		C++	8.29%	+0.73%
5	5		C#	5.68%	+1.73%
6	6		Visual Basic	4.74%	+0.90%
7	7		JavaScript	2.09%	-0.11%
8	11	^	Assembly language	1.85%	+0.21%
9	12	^	SQL	1.80%	+0.19%
10	13	^	Swift	1.41%	-0.02%
11	8	v	PHP	1.40%	-0.60%
12	9	v	R	1.25%	-0.65%
13	14	^	Go	1.04%	-0.37%
14	19	^^	Delphi/Object Pascal	0.99%	+0.20%
15	20	^^	Classic Visual Basic	0.98%	+0.19%
16	16		MATLAB	0.96%	-0.19%
17	10	vv	Groovy	0.94%	-0.90%
18	15	v	Ruby	0.88%	-0.43%
19	30	^^	Fortran	0.77%	+0.31%
20	17	v	Perl	0.71%	-0.31%

图 1-1　2021 年编程语言排行榜

Python 再次荣获了 2021 年度编程语言称号，这是 Python 第五次获得这个奖，其他四次分别是 2007 年、2010 年、2018 年和 2020 年。

Python 从最开始的 TIOBE 指数排名第三，再到多次跃升成为 TIOBE 第一名，把 C 和 Java 牢牢甩在了后面。Python 应用广泛，入门简单，目前已成为多个领域中的编程实战语言，其越来越成熟，越来越强势，非常有“睥睨天下，傲视群雄”的感觉，且 Python 的胜利之旅仍在继续。

再来看一下 2002—2022 年，排名前 10 的编程语言的 TIOBE 指数走势如图 1-2 所示。

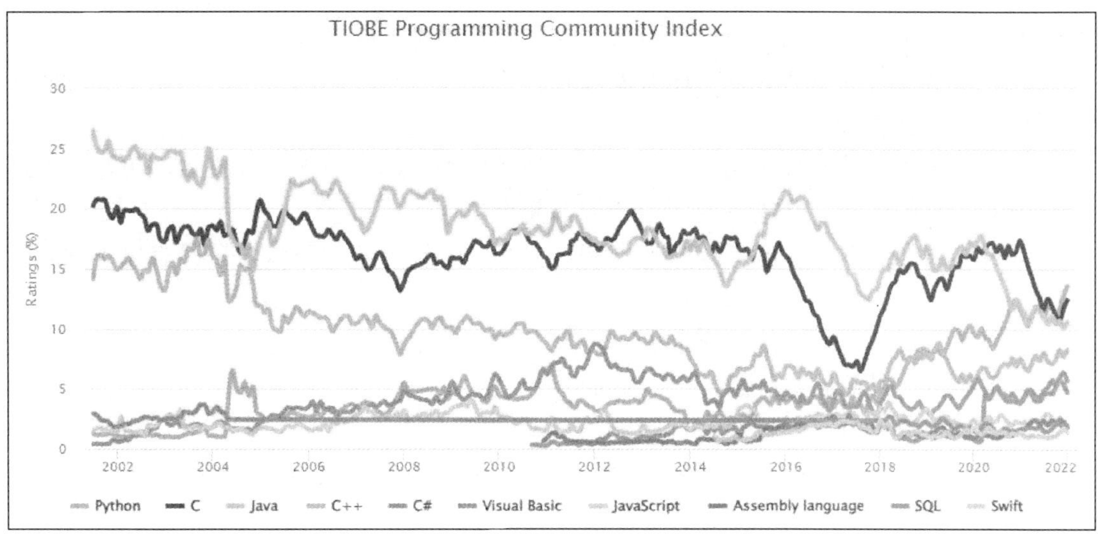

图 1-2 排名前 10 的编程语言的 TIOBE 指数走势（扫码见彩图）

从图 1-1 和图 1-2 可知，Python 语言有强劲的应用优势及潜力。Python 究竟是一门什么样的语言？

3．Python 的诞生和发展

1991 年，第一个 Python 编译器（同时也是解释器）诞生，它是用 C 语言实现的，并能够调用 C 库（.so 文件）。从一诞生，Python 已经具有了类、函数、异常处理，包含表和词典在内的核心数据类型，以及以模块为基础的拓展系统。

2000 年，Python 2.0 由 BeOpen PythonLabs 团队发布，加入内存回收机制，奠定了 Python 语言框架的基础。

2008 年，Python 3 在一个意想不到的情况下发布了，对语言进行了彻底的修改，很多内置函数的实现与使用方式和 Python 2.x 也有较大的区别，对 Python 2.x 的标准库也进行了一定程度的重新拆分和整合，与 Python 2.x 完全不兼容。

2008 年至今，版本更迭带来大量库函数的升级替换，Python 3.x 系列不兼容 Python 2.x 系列。

2022 年 4 月，Python 官网上的最新版本分别是 Python 3.10.4 和 Python 2.7.18。

Python 3.x 系列已经成为主流，Python 核心团队在 2020 年停止支持 Python 2。

虽然在同系列中高版本比低版本更加完善和成熟，但并不意味着最新版本就是最合适的。在选择 Python 版本时，一定要先考虑清楚自己学习 Python 的目的是什么，打算做哪方面的开发，该领域或方向有哪些扩展库可用，这些扩展库最高支持哪个版本的 Python。这些问题全部确定后，再最终确定选择哪个版本。

4．Python 的特性和优缺点

Python 的设计混合了传统语言的软件工程的特点和脚本语言的易用性，因此具有以下特性：

（1）Python 是一门跨平台、开源免费的解释型高级动态编程语言。

（2）Python 语言具有通用性、高效性、跨平台移植性和安全性等特点。

（3）Python 支持命令式编程（How to do）、函数式编程（What to do），完全支持面向对象程序设计，拥有大量扩展库。

（4）Python 可以把多种不同语言编写的程序融合到一起来实现无缝拼接，更好地发挥不同语言和工具的优势，满足不同应用领域的需求。

Python 语言之所以在这些年能快速发展，并且得到开发者的青睐，还具有以下优点：

（1）简单优雅、易于学习和使用。

（2）开源广泛的标准库，功能强大，具有丰富的类库内置模块。

（3）可移植、可扩展、可嵌入。Python 是一门与其他语言契合度特别高的语言，可以轻松地调用其他语言编写的模块。

（4）Python 开发效率很高。注重如何解决问题，而不过度关注编程语言的语法和结构。

当然，除了优点，Python 也存在以下缺点：

（1）运行速度慢。Python 是解释型语言，运行时将程序翻译为机器码，这样非常耗时，而 C 语言是在运行前直接将程序编译成 CPU 能执行的机器码。但是大量的应用程序不需要这么快的运行速度，因为用户根本感觉不出来。

（2）代码不能加密。解释型语言发布程序就是发布源代码，故 Python 代码不能加密。而 C 语言只需要把编译后的机器码发布出去，而从机器码反推出 C 代码是不可能的，所以 C 语言的安全性更高。

5. Python 的典型应用

（1）Python 应用场景。

Web 开发、自动化脚本、桌面软件、游戏开发、服务器软件、科学计算等。

（2）Python 应用方向。

人工智能：Python 在人工智能大范畴领域内的机器学习、神经网络、尝试学习等方面都是主流的编程语言，得到广泛的支持和应用。

网络爬虫：Python 是大数据行业获取数据的核心工具。Python 是编写网络爬虫的主流编程语言，Scrapy 爬虫框架应用非常广泛。

Web 开发：基于 Python 的 Web 开发框架有很多，如 Django、Flask 等。

常规软件开发：支持函数式编程和面向对象编程，适用于常规的软件开发、脚本编写、网络编程。

科学计算：随着 numpy、SciPy、Matplotlib 等众多程序库的开发，Python 越来越适合用于科学计算、绘制高质量的 2D 和 3D 图像。

数据分析：对数据进行清洗、去重、规格化、针对性地分析是大数据行业的基石。Python 是数据分析的主流语言之一。

【例 1-1】 把列表中的所有数字均加 5，得到新列表。

（1）命令式编程。

```
>>> x=list(range(10))              # 定义列表
>>> x
```

```
[0,1,2,3,4,5,6,7,8,9]
>>> y=[]                                    # 定义空列表
>>> for num in x:                           # 循环遍历 x 中的每个元素
        y.append(num+5)                     # 列表方法，在尾部追加元素
>>>y
[5,6,7,8,9,10,11,12,13,14]
>>>[num+5 for num in x]
[5,6,7,8,9,10,11,12,13,14]
```

（2）函数式编程。

```
>>>x=list(ragee(10))
>>>x
[0,1,2,3,4,5,6,7,8,9]
>>>def add5(num):                           # 定义函数，接收一个数字，加 5 后返回
      return num+5
>>>list(map(add5,x))                        # 把函数 add5 映射到 x 中的每个元素
[5,6,7,8,9,10,11,12,13,14]
>>>list(map(lambda num :num+5,x))           # lambda 表达式，等价于函数 add5
[5,6,7,8,9,10,11,12,13,14]
```

1.1.2 Python 的下载与安装

1. Python 的下载

Python 可以跨多平台，可以运行在 Windows、macOS 和各种 UNIX、Linux 系统上，不同平台的 Python 安装和配置大致相同。本书基于 Windows 10 和 Python 3.10 构建 Python 开发平台。

步骤 1：打开 Python 官网，如图 1-3所示。

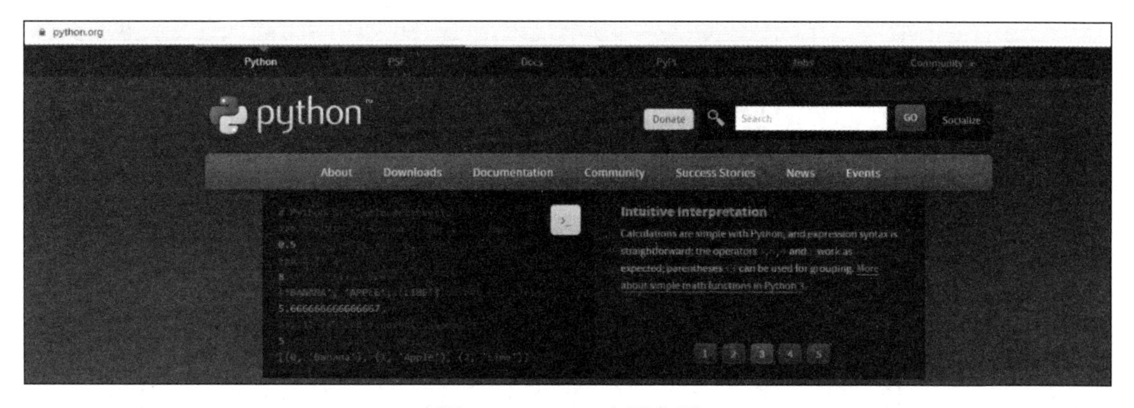

图 1-3 Python 官网主页

步骤 2：选择“Downloads”菜单下的“Windows”选项，如图 1-4 所示。在此页面中可以看到当前版本是 Python 3.10.4。

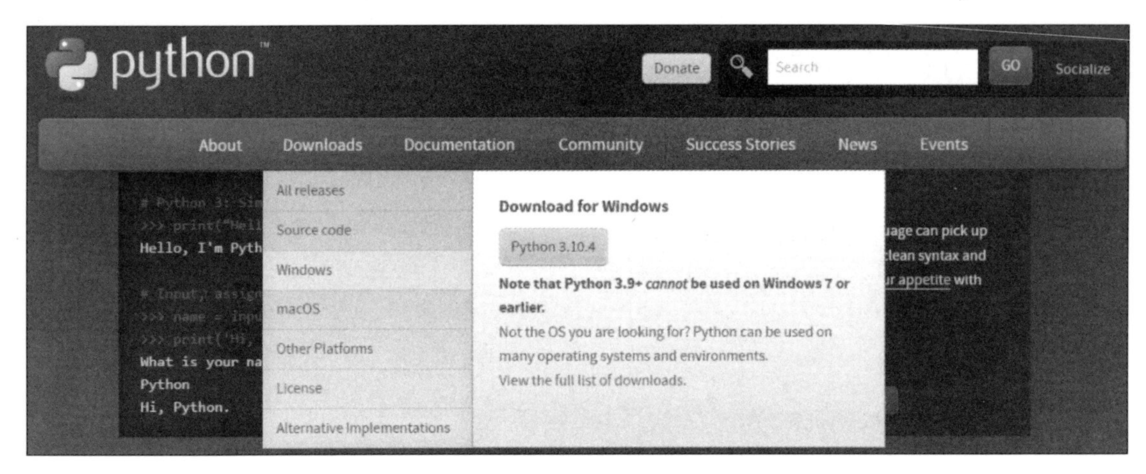

图 1-4　下载菜单

步骤 3：单击“Download Windows installer（64-bit）”选项开始下载 Python，如图 1-5 所示。

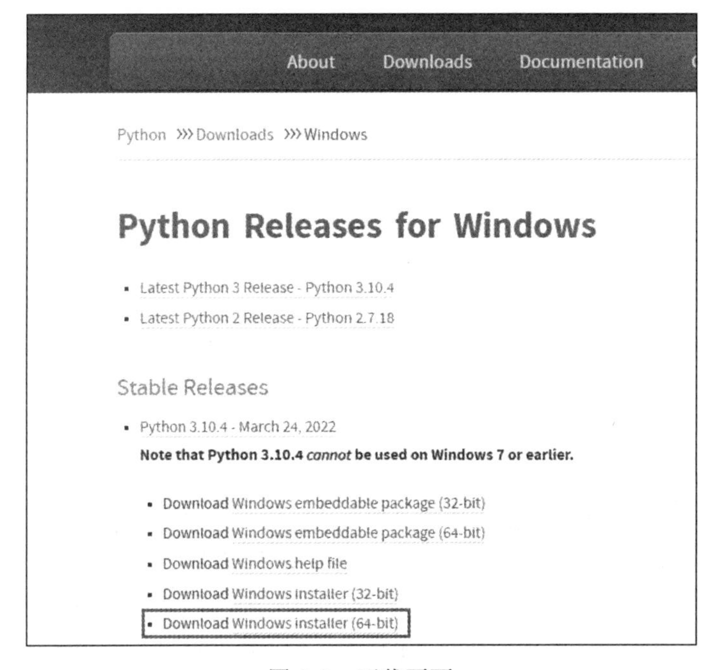

图 1-5　下载页面

2. 安装 Python

步骤 1：双击下载完成的安装程序，打开安装界面，如图 1-6 所示。Python 默认的安装路径为用户本地应用程序文件夹下的 Python 目录（如 C:\Users\lm\AppData\Local\Programs\Python\Python310），该目录下包括解释器 python.exe，以及 Python 的库目录及其他文件。

步骤 2：勾选“Add Python 3.10 to PATH”复选框，单击“Customize installation”选项，打开如图 1-7 所示的可选功能窗口。

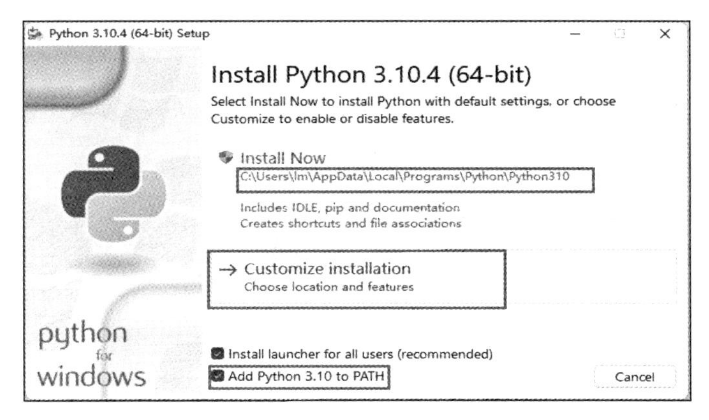

图 1-6　安装界面

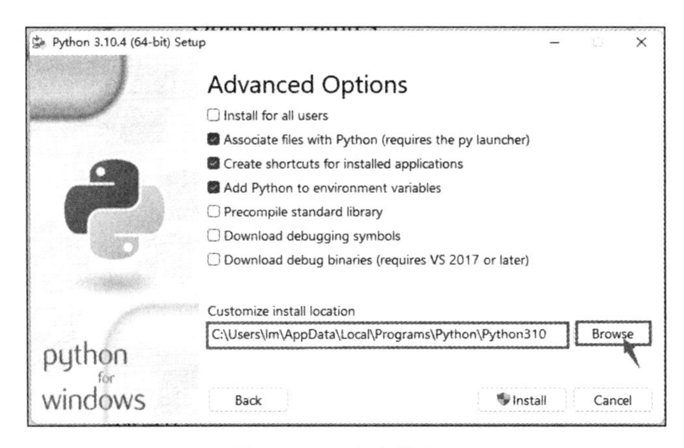

图 1-7　可选功能窗口

步骤 3：建议勾选全部复选框后，再单击“Next”按钮，打开如图 1-8 所示的窗口。单击“Browse”按钮，设置安装路径（如 D:\Python10）。

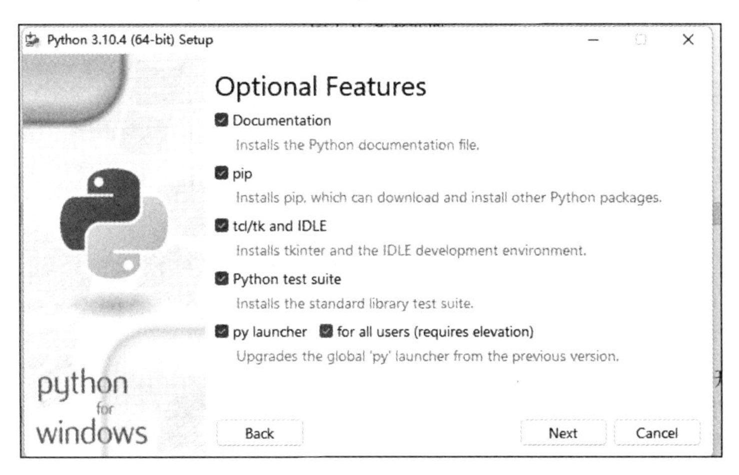

图 1-8　“Advanced Options”窗口

步骤 4：单击“Install”按钮，开始安装，如图 1-9 所示。

步骤 5：安装完成，如图 1-10 所示。

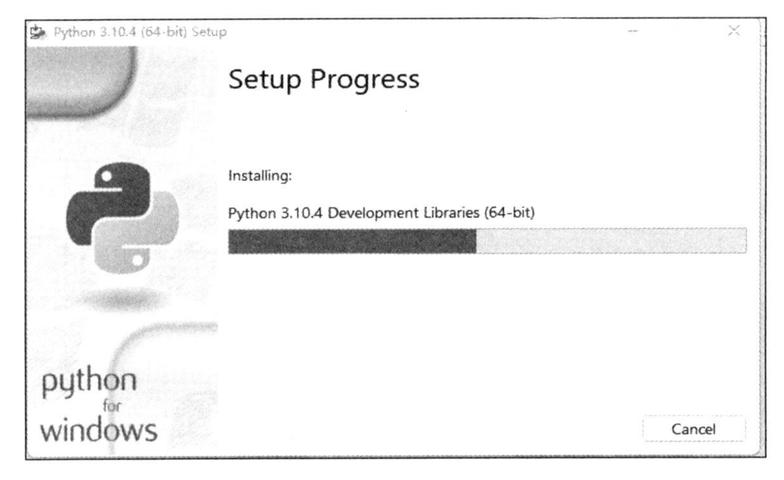

图 1-9 “Setup Progress”窗口

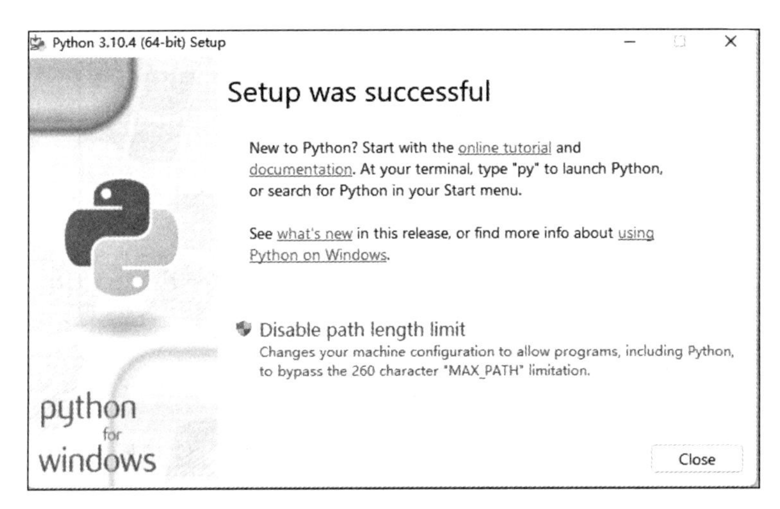

图 1-10 “Setup was successful”窗口

1.1.3 开发和运行 Python 程序

1. 开发和运行 Python 程序的两种方式

开发和运行 Python 程序一般有两种方式：

（1）交互式：提示符为“>>>”。在 Python 解释器命令行窗口中，输入 Python 代码，解释器及时响应并输出结果。交互式一般适用于调试少量代码的情况。Python 解释器包括 Python、IDLE shell、Ipython（第三方包）等。

（2）文件式。将 Python 程序编写并保存在一个或者多个源代码中，然后通过 Python 解释器来编译执行。文件式适用于较复杂应用程序的开发。

2. 使用 Python 解释器执行 Python 程序

Python 安装完成后，在开始菜单中找到 Python 3.10，如图 1-11 所示，双击运行，就可以在 Python 解释器中编写并运行 Python 代码了，如图 1-12 所示。

P
PDF猫分割合并
PowerPoint
PTGui 汉化版
新建
Python 3.10
新建
IDLE (Python 3.10 64-bit)
Python 3.10 (64-bit)
Python 3.10 Manuals (64-bit)
新建
Python 3.10 Module Docs (64-bit)

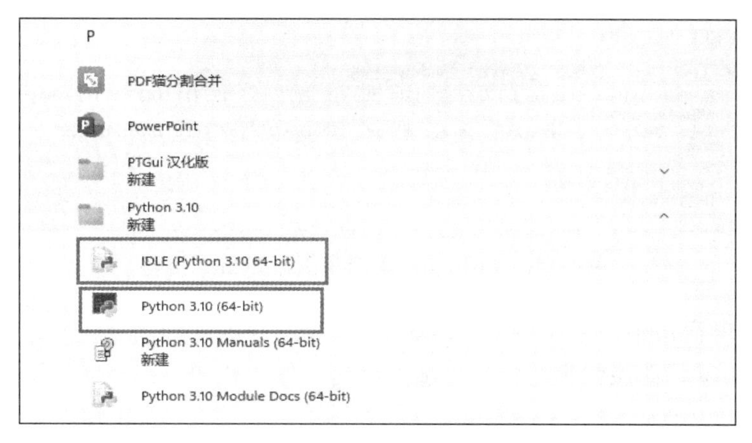

图 1-11　安装完成后的开始菜单

Python 3.10 (64-bit)
Python 3.10.4 (tags/v3.10.4:9d38120, Mar 23 2022, 23:13:41) [MSC v.192
Type "help", "copyright", "credits" or "license" for more information.
>>>

图 1-12　Python 解释器界面

【例 1-2】 计算 3*8，并输出“3*8=24”，如图 1-13 所示。

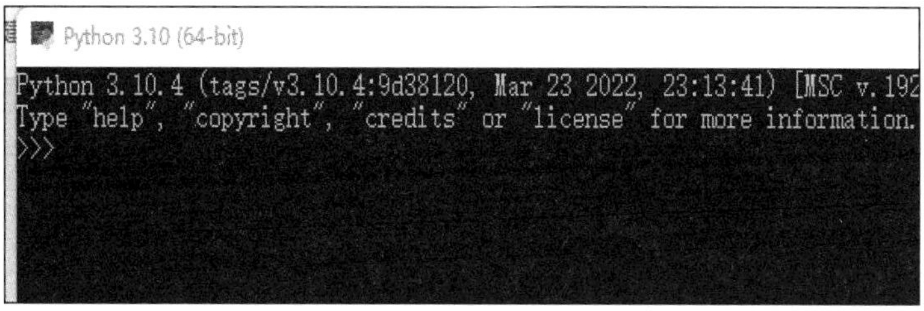

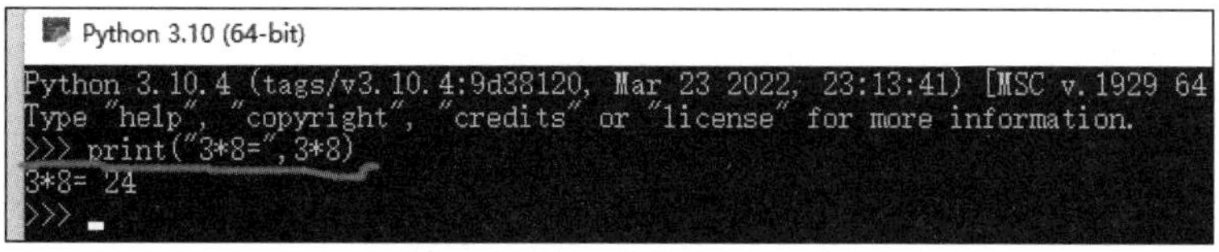

Python 3.10 (64-bit)
Python 3.10.4 (tags/v3.10.4:9d38120, Mar 23 2022, 23:13:41) [MSC v.1929 64
Type "help", "copyright", "credits" or "license" for more information.
>>> print("3*8=",3*8)
3*8= 24
>>>

图 1-13　例 1-2 的结果

3. 使用 IDLE 集成开发环境执行 Python 程序

Python 内置了集成开发环境（IDLE），提供 GUI（图形开发用户）界面，可以提高 Python 程序的编写效率。

在开始菜单中双击 IDLE（Python 3.10 64-bit），打开如图 1-14 所示的 IDLE 界面。

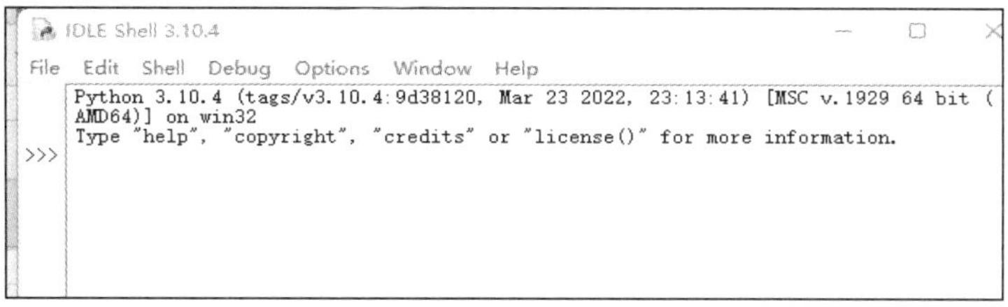

IDLE Shell 3.10.4
File Edit Shell Debug Options Window Help
Python 3.10.4 (tags/v3.10.4:9d38120, Mar 23 2022, 23:13:41) [MSC v.1929 64 bit (
AMD64)] on win32
Type "help", "copyright", "credits" or "license()" for more information.
>>>

图 1-14　IDLE 界面

（1）使用 IDLE 解释和执行 Python 语句，如图 1-15 所示。

（2）使用 IDLE 编辑和执行 Python 源文件。

```
IDLE Shell 3.10.4
File  Edit  Shell  Debug  Options  Window  Help
Python 3.10.4 (tags/v3.10.4:9d38120, Mar 23 2022, 23:13:41) [MSC v.1929 64 bit (
AMD64)] on win32
Type "help", "copyright", "credits" or "license()" for more information.
>>> 3+5
8
>>> print("Hello word!")
Hello word!
>>> |
```

图 1-15　使用 IDLE 解释和执行 Python 语句

在 IDLE 编辑窗口中，依次单击“File”→“New File”选项或按下组合键（Ctrl+N）出现 Python 编辑器，在该编辑器中可以随意编写、修改代码，编写完代码后，并将其保存为扩展名为.py 的文件，按下 F5 键就可以执行该文件，弹出 shell 窗口显示执行结果，如图 1-16 所示。

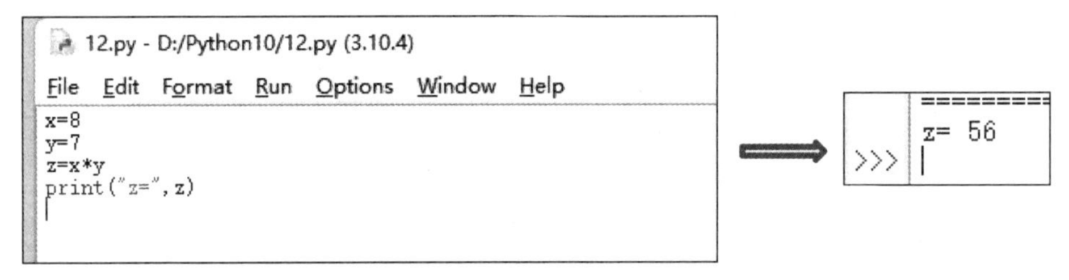

图 1-16　使用 IDLE 编辑和执行 Python 源文件

（3）IDLE 快捷键。

在 IDLE 环境下，除了撤销（Ctrl+Z）、全选（Ctrl+A）、复制（Ctrl+C）、粘贴（Ctrl+V）、剪切（Ctrl+X）等常规快捷键，其他常用的快捷键如表 1-1 所示。熟练使用这些快捷键，将会大幅度提高编程速度和开发效率。

表 1-1　常用的 IDLE 快捷键

快捷键	功能说明
Alt+P	浏览历史命令（上一条）
Alt+N	浏览历史命令（下一条）
Ctrl+F6	重启 Shell，之前定义的对象和导入的模块全部失效
F1	打开 Python 帮助文档
Alt+/	自动补全前面曾经出现过的单词，若之前有多个单词具有相同前缀，则在多个单词中循环选择
Ctrl+]	缩进代码块
Ctrl+[	取消代码块缩进
Alt+3	注释代码块
Alt+4	取消代码块注释
Tab	补全代码或批量缩进

（4）关闭 IDLE。

输入 quit()命令，或者直接关闭 IDLE 窗口。

1.1.4 Python 的开发环境

Python 程序是一个扩展名为.py 的文本文件，可以使用文本编辑器创建，具有多个开发环境。常用的开发环境如下：

（1）默认编程环境：IDLE。

（2）Anaconda 3（内含 Jupyter 和 Spyder）。

（3）pyCharm。

（4）Eric。

本书重点讲解 Anaconda 3 内含的 Jupyter 和 Spyder 开发环境。

1.1.5 使用 pip 管理 Python 扩展库

默认情况下，在安装 Python 时不会安装任何扩展库，故使用时应根据需要安装相应的扩展库。pip 是管理 Python 扩展库的主要工具，它的典型应用是从 PyPi（Python Package Index）上安装或者卸载 Python 第三方扩展库的，使用扩展库之前，要先将其更新到最新版本。语法格式如下：

1. 安装扩展库的最新版本（如 SomeProject 的最新版本）

```
python -m pip install SomeProject
pip install SomeProject
```

2. 安装扩展库的某个版本

```
python -m pip install SomeProject==3.10
pip install SomeProject==3.10
```

3. 更新安装包（如更新 SomeProject 到最新版本）

```
python -m pip install -U SomeProject
pip install -U SomeProject
```

4. 卸载安装包（如卸载 SomeProject）

```
python -m pip uninstall SomeProject
pip uninstall SomeProject
```

5. 查看 pip 常用的帮助信息

```
python -m pip -h
python -m pip -help
pip -h
pip -help
```

说明：

（1）在 Python 的安装目录 Python10\Scripts 中，还包含 pip.exe、pip3.exe、pip3.10.exe、pypinyin.exe，它们与上述基于 pip 模块的安装包等价。

（2）pip 支持安装、下载、卸载、罗列、查看、查询等一系列维护和管理子命令。

（3）若在安装 Python 时产生错误“[WinError 5]拒绝访问”，则可以使用管理员权限打开命令行窗口进行安装，或者使用“-user”选项将其安装到个人目录中。

（4）对于大部分扩展库，使用 pip 工具直接在线安装都会成功，但有时会因为缺少 VC 编辑器或依赖文件而失败，在 Windows 平台上，若在线安装扩展库失败，则可以从官网下载扩展库编译好的.whl 文件（一定不要修改下载的文件名），然后在命令符环境中使用 pip 命令进行离线安装，如图 1-17 所示。

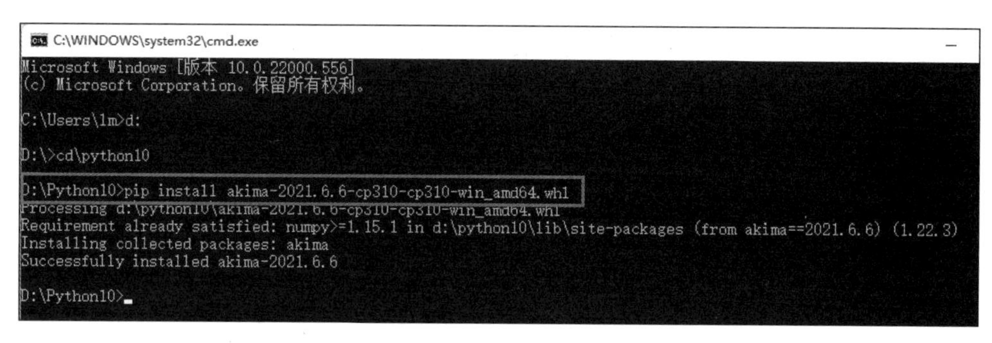

图 1-17　安装扩展库

1.1.6　Python 扩展库的导入

Python 所有内置对象都不需要做任何的导入操作就可以直接使用，但标准库对象必须先导入才能使用，扩展库则需要正确安装后才能导入和使用其中的对象。在编写代码时，一般先导入标准库对象，再导入扩展库对象。

在程序中，只导入确定需要使用的标准库对象和扩展库对象，确定用不到的没有必要导入，这样可以适当提高代码加载和运行速度，并能减小压缩后的可执行文件的大小。

1. 使用 import 命令导入

格式：`import 模块名 [as 别名]`

对于这种导入方法，在使用库时需要在对象前加上模块名作为前缀，即“模块名.对象名”。程序如下：

```
import math                          # 导入 math 库
import random                        # 导入 random 库
import posixpath as path             # 导入 posixpath 库，并赋予别名 path

print(math.sqrt(16))                 # 计算并输出 16 的平方根
print(math.cos(math.pi/4))           # 计算余弦值
print(random.choices('abcd',k=8))
                                     # 从字符串'abcd'随机选择 8 个字符，允许重复
print(path.isfile(r'c:\windows\notepad.exe'))
                                     # 测试指定路径是否为文件
```

运行结果如图 1-18 所示。

```
========================= RESTART: D:/Python10/11.py ======
4.0
0.7071067811865476
['c', 'b', 'b', 'd', 'b', 'b', 'd', 'b']
True
```

图 1-18 使用 import 命令导入模块的运行结果

2. 使用 from…import 命令导入

格式：from 模块名 import 对象名[as 别名]

这种导入方法不需要模块名作为前缀，其优点是可以减少查询次数，提高访问速度。程序如下：

```
from math import pi as PI
from os.path import getsize
from random import choice
r=3
print(round(PI*r*r,2))                        # 计算半径为 3 的圆面积
print(getsize(r'c:\windows\notepad.exe'))  # 计算文件大小，单位为字节
print(choice('Python'))                       # 从字符串随机选择 1 个字符
```

运行结果如图 1-19 所示。

```
============== RESTART: D:/Python10/13.py
28.27
348160
P
```

图 1-19 使用 from…import 命令导入模块的运行结果

3. 使用 from…import *命令导入

格式：from itertools import *

该导入方法不推荐使用。程序如下：

```
from itertools import *
characters="1234"
for item in combinations(characters,3):    #从 4 个字符中任选 3 个字符进行组合
  print(item,end='  ')                      # end=''表示输出后不换行
print('\n'+'='*20)                          # 行号后输入 20 个等于号
for item in permutations(characters,3):    #从 4 个字符中任选 3 个字符进行排列
  print(item,end=' ')
```

运行结果如图 1-20 所示。

```
========================== RESTART: D:/Python10/14.py ==========================
('1', '2', '3')  ('1', '2', '4')  ('1', '3', '4')  ('2', '3', '4')
====================
('1', '2', '3') ('1', '2', '4') ('1', '3', '2') ('1', '3', '4') ('1', '4', '2')
('1', '4', '3') ('2', '1', '3') ('2', '1', '4') ('2', '3', '1') ('2', '3', '4')
('2', '4', '1') ('2', '4', '3') ('3', '1', '2') ('3', '1', '4') ('3', '2', '1')
('3', '2', '4') ('3', '4', '1') ('3', '4', '2') ('4', '1', '2') ('4', '1', '3')
('4', '2', '1') ('4', '2', '3') ('4', '3', '1') ('4', '3', '2')
```

图 1-20 使用 from…import * 命令导入模块的运行结果

提示：一般推荐使用第一种导入方法（需要前缀）和第二种导入方法。

1.2　Anaconda 3 开发环境的安装与使用

Anaconda 是一个安装、管理 Python 相关包的软件，是一个开源的 Python 发行版本，自带 Python、Jupyter Notebook、Spyder，还包含了 Conda、Python 等 180 多个科学包及其依赖项。目前使用 Anaconda 3 开发环境已成为主流，它具有如下特点：

（1）提供 Python 环境管理和包管理功能，可以很方便地在多个 Python 版本之间切换和管理第三方包。

（2）通过 Conda 管理工具包、开发环境、Python 版本，大大简化工作流程。

（3）不仅可以方便地安装、更新、卸载工具包，而且安装时能自动安装相应的依赖包，同时还能使用不同的虚拟环境以隔离不同要求的项目。

1.2.1　Anaconda 3 的下载与安装

在 Anaconda 官方网站上下载 Anaconda 3 安装包。下载完成后进行安装，安装时需要注意以下几点：

（1）若在安装过程中遇到问题，则需要关闭杀毒软件，并在 Anaconda 3 安装完成后再打开杀毒软件。

（2）若在安装时选择“All Users”选项，则需要卸载 Anaconda，再重新进行安装，若选择“Just Me”选项安装，则出现如图 1-21 所示的安装类型选择界面。

（3）目录路径中不能含有空格，同时不能是 unicode 编码，如图 1-22 所示。除非被要求以管理员权限安装，否则不要以管理员身份安装。

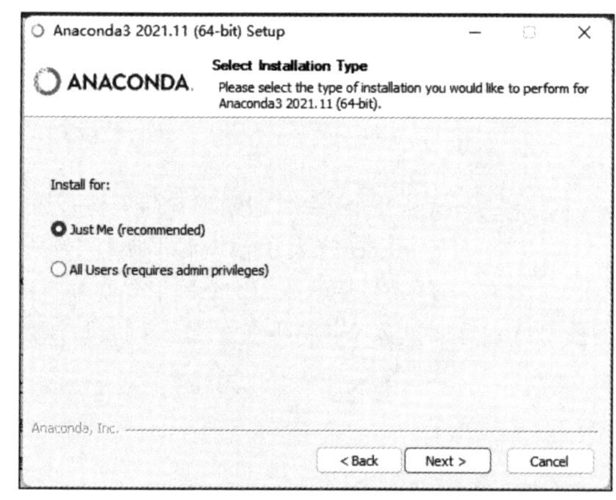

图 1-21　安装类型选择界面

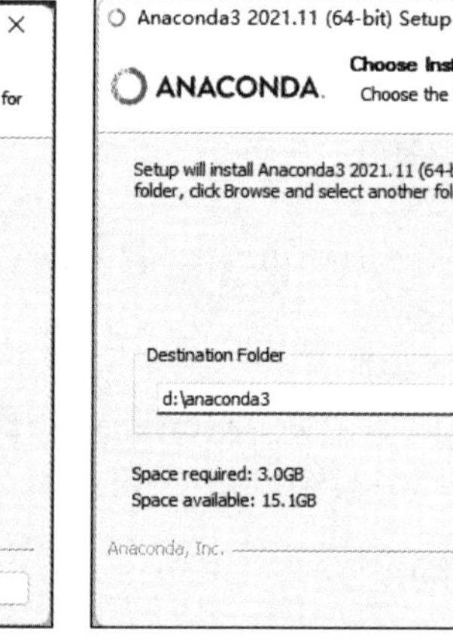

图 1-22　安装路径

（4）可以利用以下方式对安装结果进行验证。

① 依次单击“开始”→“Anaconda 3（64-bit）”→“Anaconda Navigator”命令，若可以成功启动 Anaconda Navigato，则说明安装成功。

② 依次单击“开始”→“Anaconda 3（64-bit）”→“Anaconda Prompt”→“以管理员

身份运行”命令，在“Anaconda Prompt”文本框中输入“Conda list”，可以查看已经安装的安装包名和版本号，若结果可以正常显示，则说明安装成功。

（5）Anaconda 3 包含一个基于 GUI 的导航应用程序，使开发变得容易。应用程序包括 Spyder、Jupyter Notebook、JupyterLab、Orange 3、PyCharm Professional、RStudio 等，如图 1-23 所示。

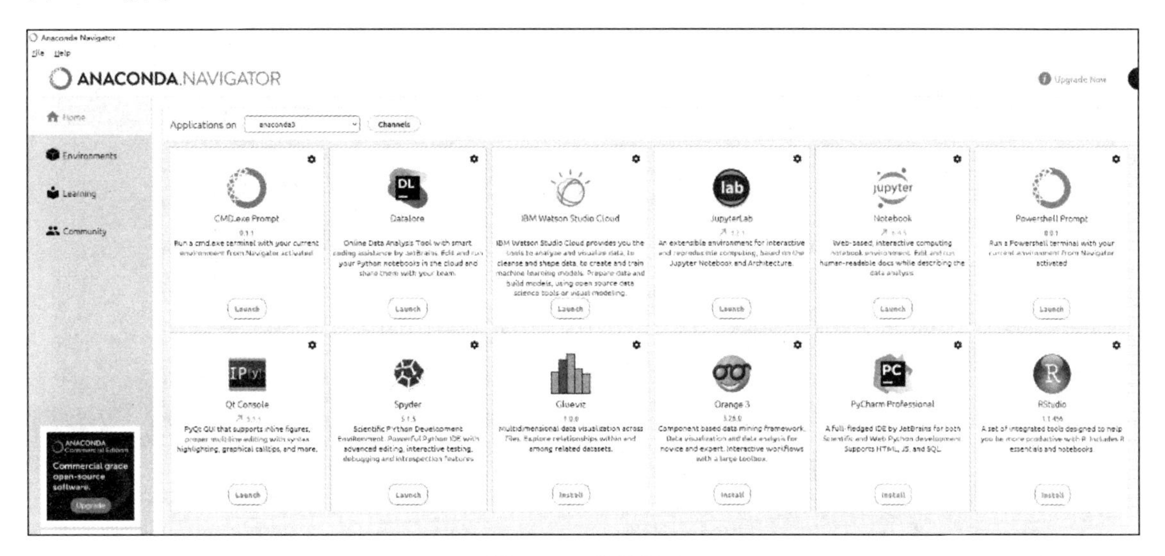

图 1-23　应用程序

1.2.2　Spyder 的配置与使用

Spyder 是一个用于科学计算、使用 Python 编程语言的集成开发环境，它结合了综合开发工具的高级编辑、分析、交互式执行等功能，为用户带来了很大的便利。

1．Spyder 的特点

（1）类 MATLAB 设计。

Spyder 在设计上参考了 MATLAB，变量查看器模仿了 MATLAB 中的“工作空间”功能，并且有类似 MATLAB 的“PythonPath”管理对话框，对熟悉 MATLAB 的 Python 初学者非常友好。

（2）资源丰富且查找便利。

Spyder 拥有变量自动补全、函数调用提示及随时随地访问文档帮助的功能，能够访问的资源及文档链接包括 Python、Matplotlib、numpy、Scipy、Qt、Ipython 等多种工具及工具包的使用手册。

（3）对初学者友好。

Spyder 在其菜单栏中的“Help”选项中为新用户提供了交互式的使用教程及快捷方式的备忘录，能够帮助新用户快捷、直观地了解 Spyder 的用户界面及使用方式。

（4）工具丰富、功能强大。

Spyder 中除了拥有一般 IDE 普遍具有的编辑器、调试器、用户图形界面等组件，还具有对象查看器、变量查看器、交互式命令窗口、历史命令窗口等组件，同时具有数组编辑及个性定制等多种功能。

2. 用户界面组件

Spyder 的用户界面组件如图 1-24 所示。

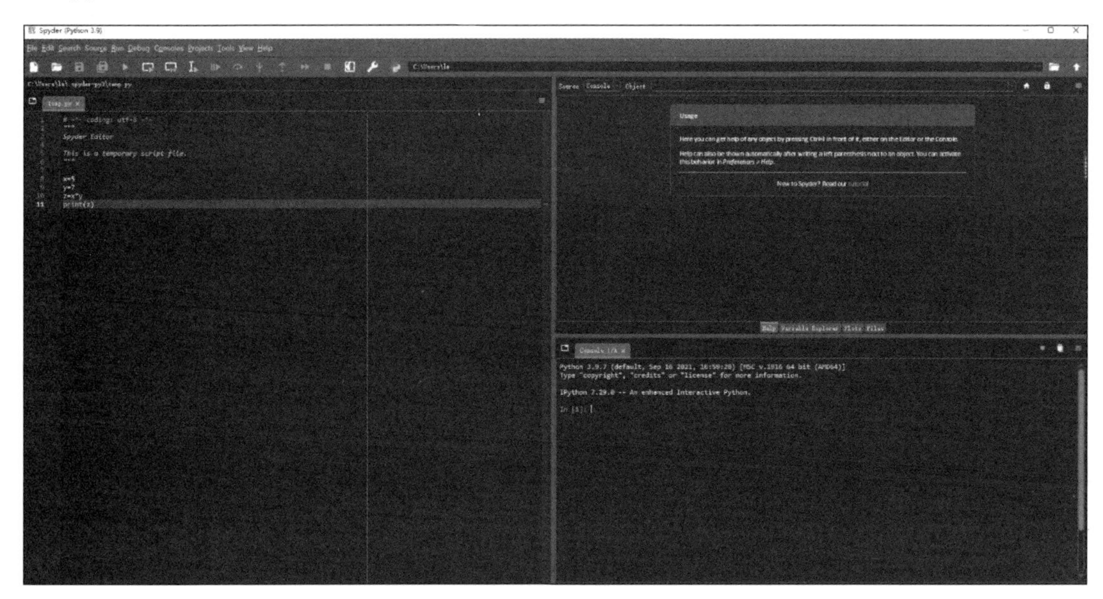

图 1-24　Spyder 的用户界面组件

3. Spyder 核心构建块

（1）编辑器（Editor）。

编辑器是编写 Python 代码的窗口，在给定文本旁边按下 Tab 键，可以在编写时获得自动建议并进行自动补全。编辑器的行号区域可以用来提示警告和语法错误，帮助用户在运行代码前监测潜在问题。另外，通过在行号区域中的非空行旁边双击可以设置调试断点。

（2）控制台（Ipython Console）。

① 控制台可以有任意多个，每个控制台都在一个独立的过程中执行，每个控制台都使用完整的 Ipython 内核作为后端，且具有轻量级的 GUI 前段。

② Ipython 控制台支持所有的 Ipython 魔术命令和功能，并且还具有语法高亮、内联 Matplotlib 图形显示等特点，极大地改进了编程的工作流程。

（3）变量浏览器（Variable Explorer）。

在变量浏览器中可以查看所有全局变量、函数、类和其他对象，或者可以按几个条件对其进行过滤。变量浏览器基于 GUI，适用于多种数据类型，包括数字、字符串、集合、numpy 数组、pandas、DataFrame、日期/时间、图像等，并且可以实现多种格式文件之间数据的导入和导出，还可以使用 Matplotlib 的交互式数据可视化选项。

（4）调试器（Debug）。

Spyder 中的调试器是通过与 Ipython 控制台中的增强型调试器集成来实现的，而这允许从 Spyder GUI 及常用的 Ipython 控制台命令直接查看、控制断点并且执行流程，给编程工作带来了很大的便利。

4．Spyder 编码示例

【例 1-3】 问题描述：打开当前 Python 环境目录下的 num.txt 文件，计算 num.txt 文件的行数。具体程序如下：

```
import sys                                  # 导入 sys 模块
import os.path
dir=os.path.dirname(sys.executable)
with open(dir+'\\num.txt',encoding='utf-8') as fp:
    content=fp.readlines()
print(len(content))
```

运行结果如图 1-25 所示。

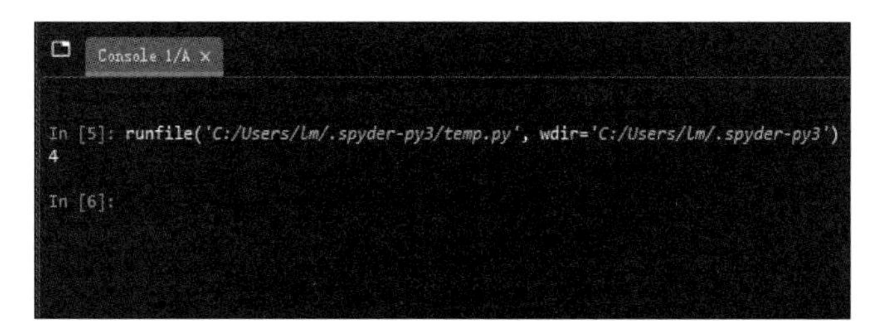

图 1-25 运行结果

1.2.3 Jupyter Notebook

1．Jupyter Notebook 的特点

Jupyter Notebook 的特点如下：

（1）编程时具有语法高亮、缩进、Tab 键补全的功能。

（2）可直接通过浏览器运行代码，同时在代码下方显示运行结果。

（3）以富媒体（Rich Media）格式显示运行结果。富媒体格式包括 HTML、LaTeX、PNG、SVG 等。

（4）在使用代码编写说明文档或语句时，支持 Markdown 语法。

（5）支持使用 LaTeX 编写数学性说明。

（6）是 Python 常用的开发环境。

2．Jupyter Notebook 界面

（1）浏览器地址栏中会默认显示 localhost:8888/tree。其中，“localhost”是本机，“8888”是端口号。Jupyter Notebook 界面如图 1-26 所示。

（2）若同时启动多个 Jupyter Notebook，则地址栏中的端口号将从“8888”开始，每多启动一个 Jupyter Notebook，端口号就加 1，如“8889”“8890”。

（3）利用 Jupyter Notebook 新建 Python 3 文件，如图 1-27 所示。

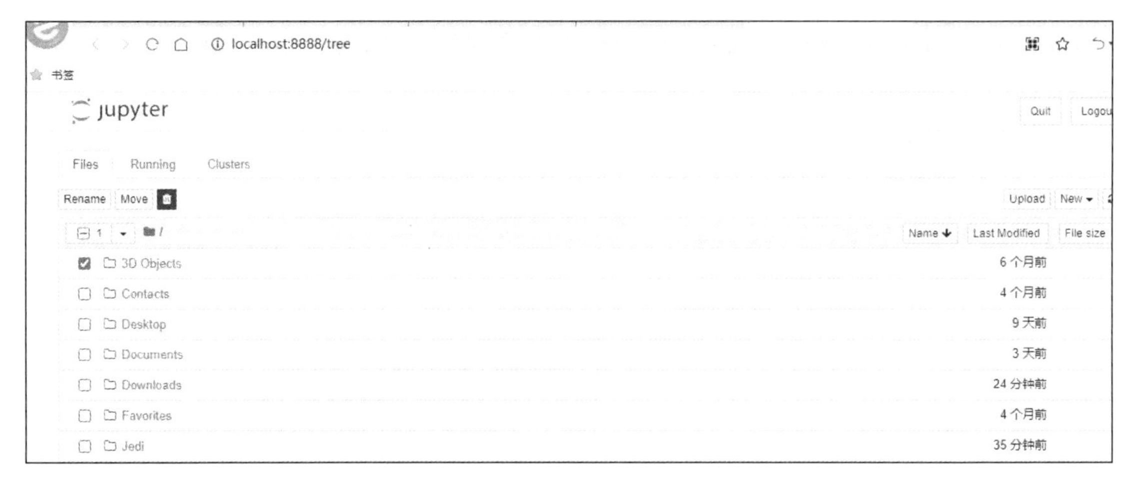

图 1-26　Jupyter Notebook 界面

图 1-27　利用 Jupyter Notebook 新建 Python 3 文件

3. Jupyter Notebook 编程示例

【例 1-4】 通过递归法求斐波那契数列中的第 10 个数。

程序分析：斐波那契数列（Fibonacci Sequence）又称黄金分割数列，是指这样一个数列 0,1,1,2,3,5,8,13,21,34,…。在数学上，斐波那契数列是以递归方法来定义的，即

$$F_0=0 \qquad (n=0)$$

$$F_1=1 \qquad (n=1)$$

$$F_n=F(n-1)+F(n-2) \qquad (n\geqslant 2)$$

程序代码及运行结果如图 1-28 所示。

```
In [1]: #使用递归法求斐波那契数列中的第10个数
        def fib(n):
            if n==1 or n==2:
                return 1
            return fib(n-1)+fib(n-2)
        #输出斐波那契数列中的第10个数
        print(fib(10))

        55
```

图 1-28　程序代码及运行结果

1.3　Python 语言的编码规范

Python 语言与其他计算机语言一样，有自己的语法要求和书写规范，主要有标识符命名规则、代码缩进要求和注释等。

1.3.1　标识符命名规则

（1）文件名、类名、模块名、变量名及函数名等标识符必须以英文字母、汉字或下画线开头。虽然 Python 3.x 支持使用汉字作为标识符，但一般并不建议这样做。

（2）标识符中可以包含汉字、英文字母、数字和下画线，但不能有空格或任何标点符号，

（3）对英文字母的大小写敏感，如 student 和 Student 是不同的变量。

（4）标识符中不能使用关键字。如 yield、lambda、def、else、for、break、if、while、try、return 等均不能使用。

（5）不建议使用系统内置的模块名、类型名或函数名及已导入的模块名及其成员名作为变量名或者自定义函数名，如 type、max、min、len、list 都不建议作为变量名，也不建议使用 math、random、datetime、re 或其他内置模块和标准库的名称作为变量名或者自定义函数名。

1.3.2　代码缩进

（1）对 Python 语言代码的缩进是有硬性要求的，严格使用缩进来体现代码之间的逻辑从属关系。

（2）一般以 4 个空格为一个缩进单位，并且相同级别的代码块的缩进量必须相同。

（3）对于类定义、函数定义、选择结构、循环结构、with 块及异常处理结构来说，行尾的冒号表示缩进的开始，对应的函数体或语句块都必须有相同的缩进量。

（4）当某行代码与上一行代码不在相同的缩进层次上时，并且与之前某行代码的缩进层次相同，表示上一个代码块结束。

（5）使用 4 个空格来缩进代码。在 IDLE 环境下，也可以使用快捷键“Ctrl+]”进行缩进，使用快捷键“Ctrl+[”进行反缩进。

（6）只有在 Tab 设为 4 个空格时才能够使用 Tab 键缩进，否则不能使用 Tab 键，空格的缩进方式与 Tab 的缩进方式不能混用。

【例 1-5】 缩进样例，如图 1-29 所示。

```
def toTxtFile(fn):                          # 函数定义
    with open(fn, 'w') as fp:               # 函数体开始，相对def缩进4个空格
        for i in range(10):                 # with块开始，相对with缩进4个空格
            if i%3==0 or i%7==0:            # 选择结构开始，再缩进4个空格
                fp.write(str(i)+'\n')       # 语句块，再缩进4个空格
            else:                           # 选择结构的else分支，与if对齐
                fp.write('ignored\n')
        fp.write('finished\n')              # for循环结构结束
    print('all jobs done')                  # with块结束

toTxtFile('text.txt')                       # 函数定义结束，调用函数
```

图 1-29　缩进样例

1.3.3 空格与空行

（1）在每个类、函数定义或一段完整的功能代码后增加一个空行。

（2）在运算符两侧各增加一个空格，逗号后面增加一个空格，让代码适当松散一点，不要过于密集，以提高阅读性。

（3）在实际编写代码时，这个规范要灵活运用，有些地方增加空行和空格会提高可读性，更利于阅读代码。但是如果生硬地在所有运算符两侧和逗号后面都增加空格，那么可能会有适得其反的效果。

（4）括号（含圆括号、方括号和花括号）前后不加空格，如

```
Do_something(arg1,arg2)
```

（5）不要在逗号、分号、冒号前面加空格，但应该在这些符号后面加空格（除了行尾）。

1.3.4 注释语句

注释是程序的说明性文字，是程序的非执行部分，为程序添加说明，提高程序的可读性。一个可维护性和可读性都很强的程序一般会有 30%以上的注释。Python 中的注释方式主要有#和"""两种。

（1）“#”用于单行注释。表示本行#之后的内容为注释，不作为代码运行。若在语句行内注释（语句与注释同在一行），则注释语句符与语句之间至少要用两个空格分开。例如：

```
print('Hello')                    # 输出显示语句
```

（2）三引号常用于多行注释。用三个单引号'''或者三个双引号"""将注释括起来，例如：

```
'''
这是多行注释，用三个单引号
这是多行注释，用三个单引号
这是多行注释，用三个单引号
'''
```

（3）块注释：#后空一格，段落间用空行分开（同样需要使用#）。

```
# 块注释
# 块注释
#
# 块注释
# 块注释
```

（4）对于代码的关键部分（或比较复杂的地方），能写注释的要尽量写注释。

（5）对于比较重要的注释段，可以使用多个等号隔开，这样更加醒目，突出注释的重要性。

例如：

```
app=create_app(name,options)
```

```
#============================================
# 请勿在此处添加getpost等app路由行为!!!
#============================================
If__name__=='__name__':app.run()
```

（6）在 IDLE 环境下，可以使用快捷键“Alt+3”或“Alt+4”进行代码块的批量注释和批量解除注释。

1.3.5 折行处理

（1）尽量不要写过长的语句，尽量保证一行代码不超过屏幕宽度。

（2）对于超过屏幕宽度的语句，可以在行尾使用续行符\进行分行。\表示下一行代码仍属于本条语句。

例如：

```
exp1=1+2+3+4+5+6+7+8+9
```

可以写成

```
exp1=1+2+3+4+5+6\                        # 使用\作为续行符
    +7+8+9
```

（3）使用圆括号把多行语句括起来，表示是一条语句。

例如：

```
Exp1=(1+2+3+4+5                   # 把多行语句放在圆括号中，表示是一条语句
    +6+7+8+9)
```

1.3.6 圆括号

（1）用来表示多行代码为一条语句。

（2）还常用来修改表达式计算顺序或者提高代码的可读性，避免歧义。

1.3.7 保留字

保留字不能用作常数、变量或其他任何标识符名称，所有 Python 的保留字只包含小写英文字母。常用的保留字如表 1-2 所示。

表 1-2 常用的保留字

and	exec	not	assert	finally	or
break	for	pass	class	from	print
continue	global	raise	def	is	return
del	import	try	slif	in	while
else	is	with	except	lambda	yield

1.4 数据类型和变量

1.4.1 数据类型

1. 数字

Python 支持 int、float、complex 三种不同的数据类型。

（1）int（有符号整型），默认为十进制数，还可以表示二进制数、八进制数和十六进制数。Python 3 不再保留长整型，统一为 int。

（2）float（浮点型），可以用科学计数法表示。如–1.90，3.87，1e-6，7.9e15。

例如：

```
>>> var1=1e-6;var2=7.9e15;var3=7.9e16;var4=-1.90;var5=3.87
>>> print(var1,var2,var3,var4,var5)
1e-06 7900000000000000.0 7.9e+16 -1.9 3.87
```

提示：若将多条语句放到同一行，则语句中间用分号“;”隔开。

（3）complex（复数），复数由实数部分和虚数部分构成，可以用 a+bj 或者 complex(a,b) 表示，实部 a 和虚部 b 都是浮点型。

例如：

```
>>> a=3
>>> b=3.14159
>>> c=3+4j
>>> print(type(a),type(b),type(c))
<class 'int'> <class 'float'> <class 'complex'>
>>> isinstance(a,int)
True
>>> var1=3+5.3j;var2=complex(3.5e4,7.8)
>>> print(var1,type(var1),var2,type(var2))
(3+5.3j) <class 'complex'> (35000+7.8j) <class 'complex'>
```

（4）0b、0o 和 0x 分别表示二进制数、八进制数和十六进制数。

例如：

```
>>> var1=0b10;var2=0o10;var3=0x10
>>> print(var1,var2,var3)
2 8 16
```

（5）Python 支持很大的整数。

例如：

```
>>> var1=1234567890987654321
>>> print(var1,type(var1))
```

```
12345678909876543 21 <class 'int'>
```

2. 布尔型（bool）

布尔型数据只有两个取值，即 True 和 False，其中 True 为整型数 1，False 为整型数 0。例如：

```
>>> i_love_you=True
>>> you_love_me=False
>>> print(i_love_you,type(i_love_you),you_love_me,type(you_love_me))
True <class 'bool'> False <class 'bool'>
```

3. 字符串（string）

（1）Python 中的字符串可以使用单引号、双引号和三引号（三个单引号或三个双引号）括起来，使用\转义特殊字符。例如：'abc'、'456'、'广东'、"Python"、'''How old are you?'''、"""Tom，lst's go"""都是合法字符串。

（2）Python 3 的源码文件默认以 UTF-8 编码方式进行编码，所有字符串都是 Unicode 字符串。

（3）支持字符串拼接、截取等多种运算。

例如：

```
>>> a="Hello"
>>> b="Python"
>>> print("a+b 输出结果:",a+b)
a+b 输出结果: HelloPython
>>> print("a[1:4]输出结果:",a[1:4])
a[1:4]输出结果: ell
```

（4）空字符串。空字符串可以表示为''或""或'''''''，即一对不包含任何内容的任意字符串界定符。

（5）Python 支持由一对三个单引号或三个双引号表示的字符串支持换行，支持排版格式较为复杂的字符串，也可以在程序中表示较长的注释。

长字符串示例如图 1-30 所示。

（6）Python 支持转义字符，常用的转义字符如表 1-3 所示。

表 1-3 转义字符

转义字符	含义	转义字符	含义
\n	换行符	\"	双引号
\t	制表符	\\	一个\
\r	回车	\ooo	3 位八进制数对应的字符
\'	单引号	\xhh	两位十六进制数对应的字符
\uhhhh	4 位十六进制数对应的字符		

```
text = '''Beautiful is better than ugly.
Explicit is better than implicit.
Simple is better than complex.
Complex is better than complicated.
Flat is better than nested.
Sparse is better than dense.
Readability counts.'''

print(len(text))              # 字符串长度，即所有字符的数量
print(text.count('is'))       # 字符串中单词is出现的次数
print('beautiful' in text)    # 测试字符串中是否包含单词beautiful
print('='*20)                 # 字符串重复
print('Good '+'Morning')      #字符串连接

208
6
False
====================
Good Morning
```

图 1-30　长字符串示例

（7）在字符串界定符前加字母 r 或 R 表示原始字符串，其中的特殊字符不进行转义，但字符串的最后一个字符不能是\。原始字符串主要用于正则表达式，也可以用来简化文件路径或 URL 的输入。

（8）综合示例程序如下：

```
counter=100                # 整型变量
miles=1.12                 # 浮点型变量
name="runoob"              # 字符串
m=True                     # 布尔型
print(counter)
print(miles)
print(name)
print(m)

a,b,c,d=20,5.5,True,4+3j
print(type(a),type(b),type(c),type(d))
```

运行结果如图 1-31 所示。

```
100
1.12
runoob
True
<class 'int'> <class 'float'> <class 'bool'> <class 'complex'>
```

图 1-31　运行结果

4．列表（list）

（1）列表可以完成大多数集合类的数据结构实现。列表中元素的类型可以不同，支持数字、字符串甚至可以包含其他列表（嵌套）。

（2）列表是写在方括号[]之间、用逗号分隔开的元素列表。

（3）列表索引值以 0 为开始值，–1 为从末尾的开始值。

（4）列表可以使用+操作符进行拼接，使用*操作符进行重复。

例如：

```
>>> list=['abc',786,2.23,'runoob',70.2]          # 定义列表
>>> print(list[1:3])
[786,2.23]
>>> tinylist=[123,'runoob']
>>> print(list+tinylist)
['abc',786,2.23,'runoob',70.2,123,'runoob']
```

5．元组（tuple）

（1）元组与列表类似，不同之处在于元组的元素不能修改。元组写在圆括号中，各元素之间用逗号隔开。

（2）元组的元素不可变，但可以包含可变对象，如list。

（3）若定义一个只有一个元素的元组，则必须加逗号。

例如：

```
>>> t=('abce',980,2.23,"runoob",99.8)
>>> t1=(3,)
>>> t2=('a','b',['B','d'])
>>> t2[2][0]='A'
>>> print(t)
('abce',980,2.23,'runoob',99.8)
>>> print(t1)
(3,)
>>> print(t2)
('a','b',['A','d'])
```

6．字典（dict）

（1）字典是无序的对象集合，使用键-值（key-value）对存储，具有极快的查找速度。

（2）键（key）必须使用不可变类型。

（3）在同一个字典中，键必须是唯一的。

例如：

```
>>> d={'Anna':25,"White":34,"mali":45}
>>> d['Anna']
25
```

7．集合（set）

（1）集合与字典类似，也是一组键的集合，但不存储值。由于键不能重复，因此在集合中没有重复的键。

（2）集合是无序的，重复元素在集合中被自动过滤掉。

（3）集合可以看成数学意义上的无序和无重复元素的集合，因此，两个集合可以做数学意义上的交集（&）、并集（|）和差集（–）等运算。

例如：

```
>>> s=set([1,2,3,4,5])
>>> s
{1,2,3,4,5}
>>> s=set([3,4,5,6,7,8])
>>> s
{3,4,5,6,7,8}
```

8．列表、元组、字典与集合

列表、元组、字典与集合综合示例代码及运行结果如图 1-32 所示。

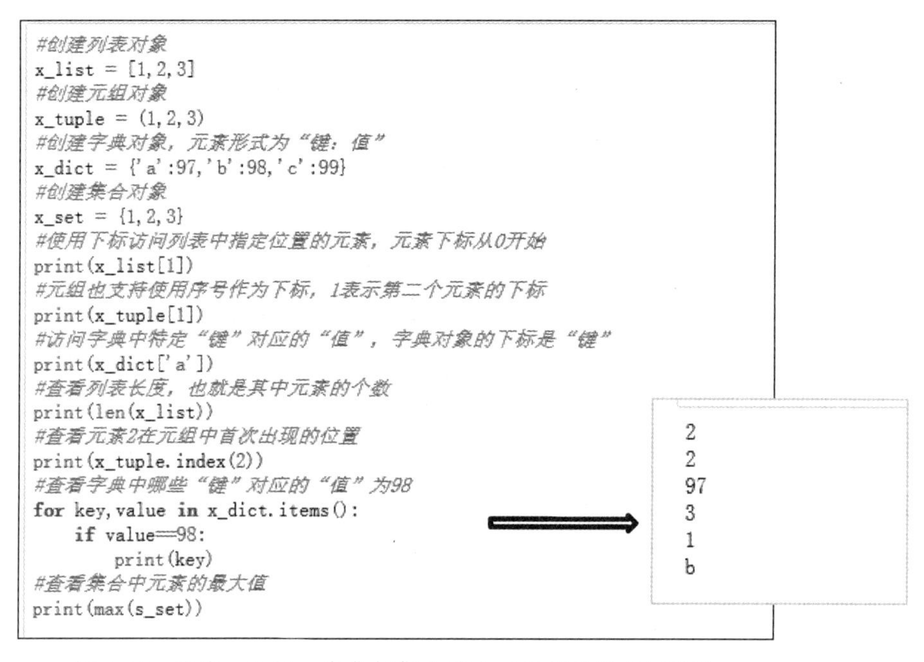

图 1-32　列表、元组、字典与集合综合示例代码及运行结果

1.4.2　变量

变量用于在程序中临时保存数据。变量用标识符来命名，变量名区分英文字母大小写。

在 Python 中，不需要事先声明变量及其类型，使用赋值语句可以直接创建任意类型的变量，变量的类型取决于等号右侧表达式值的类型。使用函数 type（变量名）来查看变量的类型。

Python 是一种动态类型语言，也就是说，变量的类型是可以随时变化的。

1．变量定义

（1）变量可以是任意数据类型，在程序中用一个变量名表示。

（2）变量名必须是英文大小写字母、数字和下画线（_）的组合，且不能以数字开头。

例如：

```
>>> a=1                          # 变量 a 是一个整数
>>> t_008='T008'                 # 变量 t_008 是一个字符串
>>> print(a,t_008)
1 T008
```

2. 赋值

（1）变量赋值的格式为“变量名=值”。=为赋值运算符，即把=后面的值传递给前面的变量。

（2）在 Python 中，变量不直接存储值，而是存储值的内存地址或者引用。

（3）在赋值（如 a='ABC'）时，Python 解释器首先会在内存中创建一个'ABC'的字符串，然后在内存中创建一个名为 a 的变量，并把它指向字符串'ABC'，其过程如图 1-33 所示。

例如：

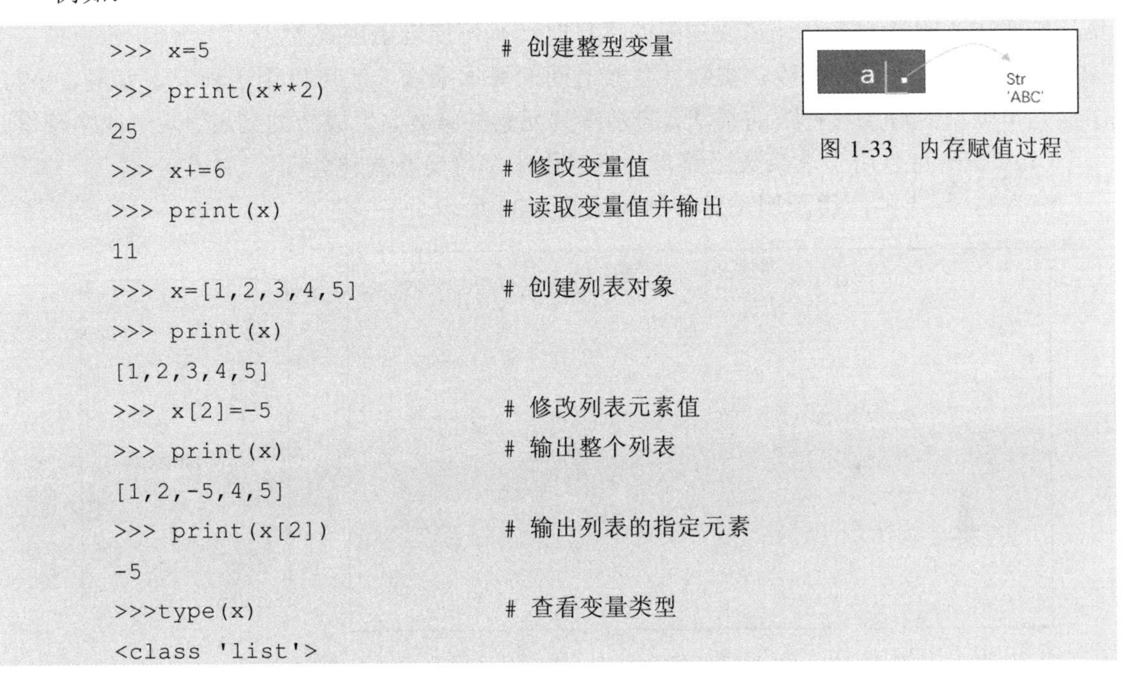

```
>>> x=5                          # 创建整型变量
>>> print(x**2)
25
>>> x+=6                         # 修改变量值
>>> print(x)                     # 读取变量值并输出
11
>>> x=[1,2,3,4,5]                # 创建列表对象
>>> print(x)
[1,2,3,4,5]
>>> x[2]=-5                      # 修改列表元素值
>>> print(x)                     # 输出整个列表
[1,2,-5,4,5]
>>> print(x[2])                  # 输出列表的指定元素
-5
>>>type(x)                       # 查看变量类型
<class 'list'>
```


图 1-33 内存赋值过程

1.5 运算符和表达式

1.5.1 算术运算符

Python 常用的基本运算符有算术运算符、关系运算符、赋值运算符、位运算符、逻辑运算符、成员运算符、身份运算符等。

1. 算术运算符

算术运算符有+（加）、–（减）、*（乘）、/（除）、%（求余）、**（求幂）、//（整除）。其中，幂运算返回 a 的 b 次幂。

设变量 a 为 10，变量 b 为 21，算术运算符及其描述如表 1-4 所示。

表 1-4　算术运算符及其描述

运算符	描述	实例
+	加：两个变量相加	a+b 输出结果为 31
-	减：得到负数或是一个数减去另一个数	a-b 输出结果为-11
*	乘：两个变量相乘或是返回一个被重复若干次的字符串	a*b 输出结果为 210
/	除：b 除以 a	b/a 输出结果为 2.1
%	取模：返回除法的余数	b%a 输出结果为 1
**	幂：返回 a 的 b 次幂	a**b 输出结果为 10 的 21 次幂
//	取整除：向下取接近除数的整数	9//2 输出结果为 4 -9//2 输出结果为-5

（1）“+”除了用于算术加法，还可以用于列表、元组、字符串的连接。

（2）“-”除了用于整数、实数、复数之间的算术减法和相反数，还可以计算集合的差集。需要注意的是，在进行实数之间的运算时，有可能会出现误差。

（3）“*”除了表示整数、实数、复数之间的算术乘法，还可以用于列表、元组、字符串这几个类型的对象与整数的乘法，表示序列元素的重复，生成新的列表、元组或字符串。

（4）“%”可以用于求余数运算，还可以用于字符串格式化。

“+”与“-”的应用示例及运行结果如图 1-34 所示。

```
#+运算符除了用于算术加法，还可以用于列表、元组、字符串的连接
print(3+5)
print(3.4+4.5)
print((3+4j)+(5+6j))
print('abc'+'def')
print((1,2)+(3,4))
print([5,6]+[7,8])
print("\n")

#-运算符除了用于整数、实数、复数之间的算术减法和相反数，还可以计算集合的差集
print(7.9-4.5)        #注意，结果有误差
print(5-3)
num=3
print(-num)
print(--num)            #注意，这里是--是两个负号，负负得正
print(-(-num))          #与上一行代码含义相同
print({1,2,3}-{3,4,5})  #计算差集
print({3,4,5}-{1,2,3})
print("\n")
```

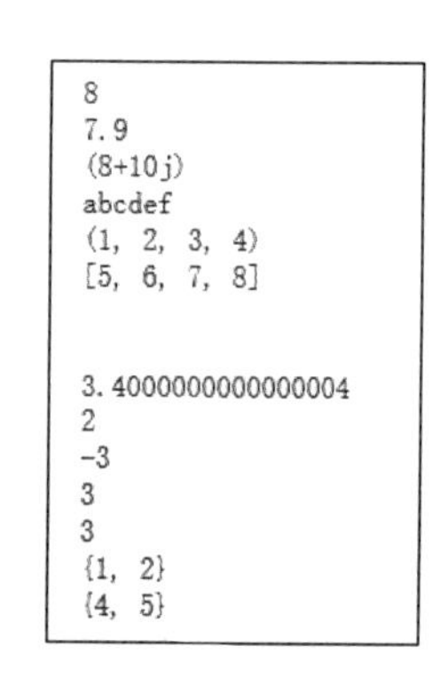

图 1-34　算术运算符的应用示例及运行结果

2. 关系运算符

关系运算符有>（大于）、<（小于）、>=（大于或等于）、<=（小于或等于）、==（等于）和!=（不等于），多用于值与值之间的比较。

（1）关系运算符可以连用，一般用于同类型对象之间值的大小比较，或者测试集合之间的包含关系。假设变量 a 为 10，变量 b 为 20，关系运算符及其描述如表 1-5 所示。

表 1-5　关系运算符及其描述

运算符	描述	实例
==	等于：比较对象是否相等	a==b 返回 False
!=	不等于：比较两个对象是否不相等	a !=b 返回 True
>	大于：返回 a 是否大于 b	a>b 返回 False

续表

运算符	描述	实例
<	小于：返回 a 是否小于 b	a<b 返回 True
>=	大于或等于：返回 a 是否大于或等于 b	a>=b 返回 False
<=	小于或等于：返回 a 是否小于或等于 b	a<=b 返回 True
**=	幂赋值运算符	b**=a 等价于 b=b**a
//=	取整除赋值运算符	b//=a 等价于 b=b//a

（2）对于所有关系运算符，若返回 1 则表示真；若返回 0 则表示假。这与特殊变量 True、False 等价。

关系运算符的应用示例及运行结果如图 1-35 所示。

```
print(3+2 < 7+8)                    #关系运行符优先级低于算术运算符
print(3<5>2)                        #等价于3<5 and 5>2
print(3==3<5)                       #等价于3==3 and 3<5
print('12345'>'23456')              #第一个字符 '1' <'2',直接得出结论
print('abcd'>'Abcd')                #第一个字符 'a' <'A',直接得出结论
print([85,92,73,84]<[91,82,73])     #第一个数字85<91,直接得出结论
print([180,90,101]>[180,90,99])     #前两个数字相等,第三个数字101>99
print({1,2,3,4}>{3,4,5})            #第一个集合不是第二个集合的超集
print({1,2,3,4}<={3,4,5})           #第一个集合不是第二个集合的子集
print([1,2,3,4]>[1,2,3])            #前三个元素相等，并且第一个列表有多余的元素
```

```
True
True
True
False
True
True
True
False
False
True
```

图 1-35　关系运算符的应用示例及运行结果

3．赋值运算符

Python 中的赋值运算符用来给变量赋值，假设变量 a 为 10，变量 b 为 20，赋值运算符及其描述如表 1-6 所示。

表 1-6　赋值运算符及其描述

运算符	描述	实例
=	简单赋值运算符	c=a+b 将 a+b 的运算结果赋值为 c
+=	加法赋值运算符	b+=a 等价于 b=b+a
-=	减法赋值运算符	b-=a 等价于 b=b-a
*=	乘法赋值运算符	b*=a 等价于 b=b*a
/=	除法赋值运算符	b/=a 等价于 b=b/a
%=	取模赋值运算符	b%=a 等价于 b=b%a
**=	幂赋值运算符	b**=a 等价于 b=b**a
//=	取整除赋值运算符	b//=a 等价于 b=b//a

注意：不要混淆赋值号“=”与等号“==”，两者意义完全不同。

4．位运算符

位（bit）是计算机的最小单位。位运算符有&、|、^、~、<<、>>，它的规则是先把数字转换成二进制数再进行运算，然后再将运算的结果转换为原来的进制数。假设变量 a 为 61，变量 b 为 12，位运行符及其描述如表 1-7 所示。

表 1-7　位运算符及其描述

<table>
<tr><th>运算符</th><th>描述</th><th>实例</th></tr>
<tr><td>&</td><td>按位与运算符：对于参与运算的两个值，若两个对应的二进制位都为 1，则该位的结果为 1；否则为 0</td><td>a&b 输出结果为 12，对应的二进制数为 00001100</td></tr>
<tr><td>|</td><td>按位或运算符：只要对应的两个二进制位有一个为 1 时，则结果就为 1</td><td>a|b 输出结果为 61，对应的二进制数为 00111101</td></tr>
<tr><td>^</td><td>按位异或运算符：当对应的两个二进制位相异时，则结果为 1</td><td>a^b 输出结果为 49，对应的二进制数为 00110001</td></tr>
<tr><td>~</td><td>按位取反运算符：对每个二进制位取反，即把 1 变为 0，把 0 变为 1。~x 类似于-x-1</td><td>~a 输出结果为-61，对应的二进制数为 11000011，即一个有符号二进制数的补码形式</td></tr>
<tr><td><<</td><td>左移动运算符：运算数的各二进制位全部左移若干位，由<<右边的数指定移动的位数，高位丢弃，低位补 0</td><td>a<<2 输出结果为 244，对应的二进制数为 11110100</td></tr>
<tr><td>>></td><td>右移动运算符：把>>左边的运算数的各二进制位全部右移若干位，由>>右边的数指定移动的位数</td><td>a>>2 输出结果为 15，对应的二进制数为 00001111</td></tr>
</table>

位运算符的应用示例代码如下：

```
>>> a=61;b=12
>>> a&b
12
>>> a|b
61
>>> a^b
49
>>> -a
-61
>>> a<<2
244
>>> a>>2
15
```

注意：计算机以补码的形式保存和处理数据，这里参与运算的二进制数均为其补码形式。

5．逻辑运算符

（1）逻辑运算符有 and、or、not，分别表示逻辑与、逻辑或、逻辑非，运算结果为 True 或 False。假设变量 a 为 10，变量 b 为 20，逻辑运算符及其描述如表 1-8 所示。

表 1-8　逻辑运算符及其描述

运算符	描述	实例
and	逻辑与运算符：若 a 为 False，则 a and b 返回 False；否则返回 b 的值	a and b 返回 20
or	逻辑或运算符：若 a 为 True，则返回 a 的值；否则返回 b 的值	a or b 返回 10
not	逻辑非运算符：若 a 为 True，则返回 False；若 a 为 False，则返回 True	not a 返回 False

（2）逻辑运算符的应用示例及运行结果如图 1-36 所示。

```
print(3 in range(5) and 'abc' in 'abcdefg')
print(3-3 or 5-2)
print(not 5)
print(not [])
```

```
True
3
False
True
```

图 1-36 逻辑运算符的应用示例及运行结果

6．成员运算符

成员运算符用于判断一个元素是否在一个序列中，序列可以是字符串、列表、元组、集合和字典。成员运算符有 in 和 not in。成员运算符及其描述如表 1-9 所示。

表 1-9 成员运算符及其描述

运算符	描述	实例
in	若在指定的序列中找到值，则返回 True；否则返回 False	x 在 y 序列中，返回 True
not in	若在指定的序列中没有找到值，则返回 True；否则返回 False	x 不在 y 序列中，返回 True

成员运算符的应用示例及运行结果如图 1-37 所示。

```
print(60 in [70,60,50,80])
print('abc' in 'a1b2c3dfg')
print([3] in [[3],[4],[5]])
print('3' in map(str,range(5)))
print(5 in range(5))
```

```
True
False
True
True
False
```

图 1-37 成员运算符的应用示例及运行结果

7．身份运算符

身份运算符用于判断两个变量是否为同一个对象，若是同一个对象，则两者具有相同的内存地址。身份运算符有 is 和 is not 两种，身份运算符及其描述如表 1-10 所示。

表 1-10 身份运算符及其描述

运算符	描述	实例
is	is 判断两个标识符是否引用自同一个对象	x is y，类似 id(x) ==id(y)，若引用的是同一个对象，则返回 True；否则返回 False
is not	is not 判断两个标识符是否引用自不同对象	x is not y，类似 id(x) !=id(y)，若引用的不是同一个对象，则返回 True；否则返回 False

注意，表 1-10 中的 id()函数用于获取对象内存地址。

is 与==的区别是 is 用于判断两个变量是否引用自同一个对象，==用于判断引用变量的值是否相等。

身份运算符的示例程序如下：

```
>>> x=y=21
>>> x is y
```

```
True
>>> x is not y
False
>>> id(x)
2507465425776
>>> id(y)
2507465425776
```

综合示例程序及运行结果如图 1-38 所示。

```
a = 20
b = 20

if (a is b):
    print("1: a和b有相同的标识")
else:
    print("1: a和b没有相同的标识")

print(id(a))
print(id(b))
#修改变量b的值
b=30
if(a is b):
    print("3: a和b有相同的标识")
else:
    print("3: a和b没有相同的标识")

print(id(a))
print(id(b))

# is 与 ==的区别
a = [1,2,3]
b = [1,2,3]
print(b == a)
print(b is a)

print(id(a))
print(id(b))
```

```
1: a和b有相同的标识
140712788800944
140712788800944
3: a和b没有相同的标识
140712788800944
140712788801264
True
False
2048962846088
2048961628616
```

图 1-38　综合示例程序及运行结果

8. 运算符优先级

（1）若一个表达式中有多个运算符，则先执行优先级高的运算符，后执行优先级低的运算符，同一优先级的运算符要按照从左到右的顺序执行。运算符的优先级顺序如表 1-11 所示。

表 1-11　运算符的优先级顺序

优先级	运 算 符	描　述
1	**	幂
2	~ 、+、-	按位取反、一元加号、一元减号
3	*、/、%、//	乘、除、取模、整除
4	+、-	加法、减法
5	<<、>>	左移、右移

续表

优先级	运 算 符	描　述
6	&	按位与
7	^、|	按位异或、按位或
8	<=、<、>、>=	关系运算符
9	==、!=	关系运算符
10	–、%=、/=、//=、–=、+=、*=、**=	赋值运算符
11	is、is not	身份运算符
12	in、not in	成员运算符
13	not、and、or	逻辑运算符

（2）运算符优先级的应用示例及运行结果如图 1-39 所示。

```
a = 20
b = 10
c = 15
d = 5
e = 0
e = (a+b)*c/d                      #(30*15)/5
print("(a+b)*c/d 运算结果为：",e)

e = ((a+b)*c)/d                    #(30*15)/5
print("((a+b)*c)/d 运算结果为：",e)

e = (a+b)*(c/d )                   #(30)*(15/5)
print("(a+b)*(c/d ) 运算结果为：",e)

e = a+(b*c)/d                      #20+(150/5)
print("a+(b*c)/d  运算结果为：",e)
```

```
(a+b)*c/d 运算结果为： 90.0
((a+b)*c)/d 运算结果为： 90.0
(a+b)*(c/d ) 运算结果为： 90.0
a+(b*c)/d  运算结果为： 50.0
```

图 1-39　运算符优先级的应用示例及运行结果

1.5.2　表达式

（1）表达式的组成。

表达式由变量、常量、运算符、函数和圆括号按一定的规则组成。表达式的运算要遵循运算符的优先级顺序，运算后得到一个确定的值。

（2）表达式的格式。

① 表达式中的“*”不能省略。如 b^2-4ac 写成 Python 表达式为 b*b–4*a*c。

② 表达式只能使用圆括号改变运算符的优先级顺序，且圆括号必须成对出现。

③ 在实际应用中，经常会使用多种运算符来描述复杂的逻辑关系。

（3）示例。

① 假设要购买一本名为《Python 程序设计》的书，要求出版社为电子工业出版社或价格不超过 50 元，则表达式为：

```
bookname='Python 程序设计' and (pubname='电子工业出版社' or price<=50)
```

若上述表达式不加括号，则会先计算 and，再计算 or，从而导致运算结果与逻辑需求不一致。

② 将数学表达式 $a=\dfrac{(2+xyz)3}{2x}$ 写成 Python 表达式。

Python 表达式为 a=(2+x*y*z)*3/(2*x)。

（4）表达式计算。

计算表达式的值的程序及运行结果如下：

```
① 8%-3*3**2+23//5-True
=8%-3*9+23//5-True
=-1*9+4-1
=-6
>>> 8%-3*3**2+23//5-True
-6
② len('guangzhou'+'shenzhen')/2+ord('c')%4
=len('guangzhoushenzhen')/2+99%4
=8.5+3
=11.5
>>> len('guangzhou'+'shenzhen')/2+ord('c')%4
11.5
```

1.6 控制结构

Python 提供的控制结构有三种：顺序结构、选择结构和循环结构，如图 1-40 所示。

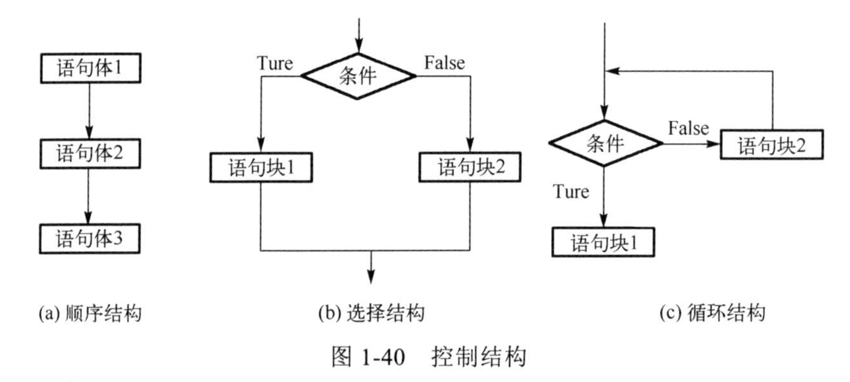

图 1-40　控制结构

1.6.1 条件判断语句

计算机之所以能自动地执行多个任务，是因为它可以自己做条件判断。在 Python 中，指定任何非 0 和非空值为 True，0 或者 None 为 False。在 Python 编程中，if 语句用于控制程序的执行，其基本形式如下：

（1）单分支。

```
if 条件表达式:
    执行语句块
```

（2）双分支。

```
if 条件表达式:
    执行语句 1
else:
    执行语句 2
```

双分支流程图如图 1-41 所示。

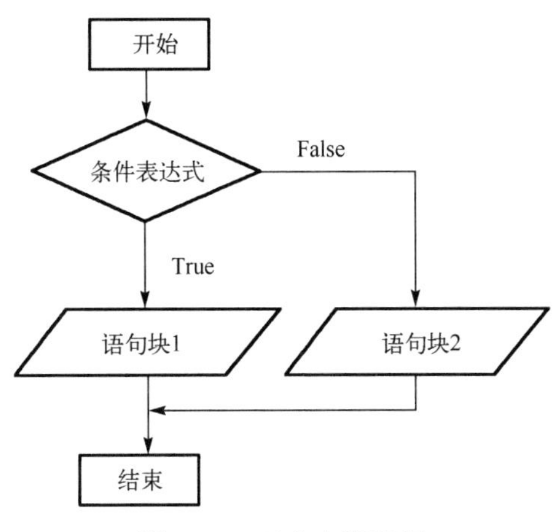

图 1-41　双分支流程图

（3）多分支。

```
if 条件表达式 1:
    执行语句块 1
elif 条件表达式 2:
    执行语句块 2
elif 条件表达式 3:
    执行语句块 3
…
else:
    执行语句块 n
```

多分支流程图如图 1-42 所示。

（1）当“条件表达式”成立（非零）时，执行后面的语句，并且执行的语句可以是多行，以缩进来区分是否为同一范围。

（2）else 为可选语句，当条件不成立时，可执行相关语句。

双分支示例代码如下：

```
score=77
if (score>=60):                  # 若表达式结果为“True”，则弹出“及格”
    print("及格")
else:                            # 若表达式结果为“False”，则弹出“不及格”
    print("不及格")
```

运行结果如图 1-43 所示。

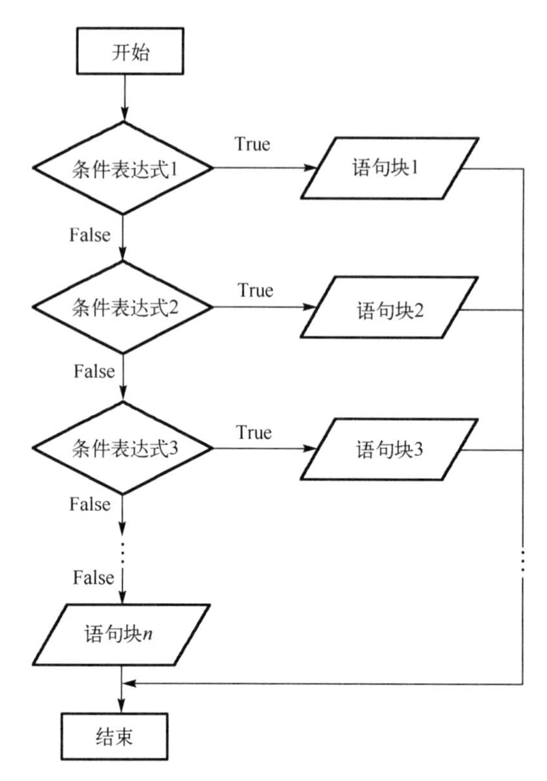

图 1-42　多分支流程图

多分支示例代码如下：

```
age=int(input("请输入你家狗的年龄: "))
if age>=18:
    print('adult')
elif age>=6:
    print('teenager')
elif age>=3:
    print('kid')
else:
    print('baby')
```

运行结果如图 1-44 所示。

```
及格
```

图 1-43　运行结果

```
请输入你家狗的年龄: 13
teenager
```

图 1-44　运行结果

1.6.2　循环语句

循环语句是指满足表达式反复执行一段代码。Python 的循环有两种：while 语句和 for 语句。循环语句流程图如图 1-45 所示。

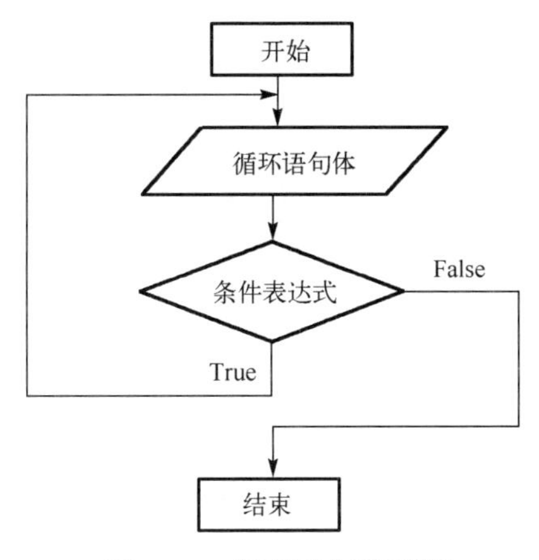

图 1-45 循环语句流程图

1. while 循环

当条件表达式为 True 时，执行循环语句体中的内容；当条件表达式为 False 时，退出循环体。

在 while…else 中，当条件表达式为 False 时，执行 else 的语句块。

（1）while 语法格式如下：

```
while(条件表达式):
    循环语句体
else:
    语句块
```

（2）示例程序及运行结果如下：

示例程序及运行结果 1 如下：

```
count=0
while count<3:
    print(count,"..3")
    count=count+1
else:
     print(count,"..%3")
```

→

```
0 ..3
1 ..3
2 ..3
3 ..%3
```

示例程序及运行结果 2 如下：

```
sum=0
n=99
while n>0:
    sum=sum+n
    n=n-2
print(sum)
```

→

```
2500
```

示例程序及运行结果 3 如下：

```
i=1
```

```
sum=0
while(i<=10):
    sum=sum+i
    i+=1
print("1+2+…+10=",sum)
```

→

```
1+2+...+10= 55
```

2. for 循环

（1）for 循环是一种迭代循环，重复相同的操作，但不是简单的重复，每次操作都是基于上一次结果进行的。

（2）for 循环需要预先知道循环次数，即需要预先知道循环从哪里开始，到哪里结束。

（3）for 循环又称为计数循环。for 循环经常用于遍历字符串、列表、字典等数据结构。for 循环可以依次把列表或元组中的元素迭代出来，其基本的语法结构如下：

```
for 循环变量 in 遍历结构:
    循环体语句块
```

（4）for 语句由以下三个表达式共同决定是否执行循环体内容：

① 确定遍历循环变量，给循环变量指定遍历范围，或者说是给定遍历结构。

② 遍历指针指向遍历结构的第一个元素。

③ 遍历结构通常为 range(循环初值,循环终值,步长值)，当循环变量的步长为 1 时，可以省略。首先要判断元素是否存在于遍历结构中，若存在，则执行循环体语句块，遍历指针指向遍历结构中的下一个元素，重复步骤③；若不存在，则结束循环，执行循环结构后面的语句。

注意：遍历结构相当于一个左闭右开的区间。

（5）示例程序及运行结果如下：

示例程序及运行结果 1 如下：

```
i=1
sum=0
for i in range(1,11):
    if  i==6:
        break
    sum=sum+i
    print(sum)
```

→

```
1
3
6
10
15
```

示例程序及运行结果 2 如下：

```
# 求从 1 加到 9 的和
i=1
s=0
for i in range(1,10):
    s=s+i
    print('i=',i,'s=',s)
```

→

```
i= 1 s= 1
i= 2 s= 3
i= 3 s= 6
i= 4 s= 10
i= 5 s= 15
i= 6 s= 21
i= 7 s= 28
i= 8 s= 36
i= 9 s= 45
```

示例程序及运行结果 3 如下：

```
# 计算 1*2*3*4*…*n 的值，n 的值可以通过键盘输入
p=1
n=eval(input())
for i in range(1,n+2):
    p*=i
print(p)
```

```
10
39916800
```

（6）跳转语句。

跳转语句有 continue 语句和 break 语句。break 语句退出本层循环体，而 continue 结束本次循环。

1.7　函数与模块

1.7.1　函数

1．函数的定义

函数是组织好的、可重复使用的，用来实现单一或相关联功能的代码段。函数的格式如下：

```
def  函数名(参数列表):
      函数体
      return 值或变量
```

其中，函数代码块以 def 关键词开头，后接函数名和圆括号()。任何传入的参数和自变量都必须放在圆括号中，圆括号之间可以用于定义参数。return[表达式]表示函数结束，选择性地返回一个值给调用函数。没有表达式的 return 相当于返回 None。

圆括号中的参数分为位置参数、关键字参数、缺省值参数、可变参数。

（1）位置参数：按照参数位置，依次传递参数。

（2）关键字参数：按关键字形式传递值。

（3）缺省值参数：在定义函数时，可以给某个参数赋一个默认值。

（4）可变参数：当参数个数不确定时，可用可变参数。

2．示例

示例代码 1 如下：

```
# 求给定字符串的长度
def  my_len():
         s1='hello world!'
         length=0
         for i in s1:
             length=length+1
```

```
        return length    # 函数的返回值
    str_len=my_len()     # 函数的调用及返回值的接收
    print(str_len)
```

运行结果如图 1-46 所示。

```
12
```

图 1-46　运行结果

示例代码 2 如下：

```
# 创建一个名为 Hello 的函数，其作用为输出“欢迎进入 Python 世界”的字符内容
def Hello():
    print("欢迎进入 Python 世界")
Hello()
```

运行结果如图 1-47 所示。

```
欢迎进入Python世界
```

图 1-47　运行结果

示例代码 3 如下：

```
# 记录大小写英文字母的个数
def fun(c):
 upper=0                          # 记录大写英文字母的个数
 lower=0                          # 记录小写英文字母的个数
 for i in c:
    if  i.isupper():
        upper+=1
    if  i.islower():
        lower+=1
    tuple=(upper,lower)
    return tuple
str=input('请输入字符串:')
print(fun(str))
```

运行结果如图 1-48 所示。

```
请输入字符串:ADfghjertD
(3, 7)
```

图 1-48　运行结果

示例代码 4 如下：

```
# 创建显示如下排列字符的函数，并编写程序调用该函数
# ************************************
#*         欢迎进入学生成绩管理系统          *
```

```
# **********************************
# 程序代码如下：
def star():
    str="******************************"
    return str
def prn():
    print("*  欢迎进入学生成绩管理系统 *")
print(star())
prn()
print(star())
```

运行结果如图 1-49 所示。

```
******************************
*  欢迎进入学生成绩管理系统 *
******************************
```

图 1-49 运行结果

3. 匿名函数 lambda

在 Python 中可以使用匿名函数，匿名函数是指没有函数名的函数。通常用 lambda 声明匿名函数。

例如，计算两个数的和，可以写成：

```
add=lambda  x,y : x+y
print(add(1,2))
```

该程序段的输出结果为 3。从上面程序可以看出，lambda 表达式的计算结果相当于函数的返回值。

示例程序如下：

```
# 求三个数的积
f=lambda x,y,z:x*y*z
print(f(3,4,5))
L=[(lambda x:x**2),(lambda x:x**3),lambda x:x**4]
print(L[0](2),L[1](2),L[2](2))
```

运行结果如图 1-50 所示。

```
60
4 8 16
```

图 1-50 运行结果

1.7.2 模块

1. 模块的定义

模块是包含变量、语句、函数或类的程序文件，该文件的名称就是模块名加上.py 扩展名，用户编写程序的过程也就是编写模块的过程。模块编程的优点如下：

（1）提高代码的可维护性。

（2）提高代码的可重用性。

（3）有利于避免函数名和变量名冲突。

若应用程序要使用模块中的变量或函数，则需要先导入该模块，导入模块使用 import 或 from 命令，例如：

```
import modulename [as alias]
from modulename import fun1,fun2,…
```

其中，modulename 是模块名，alias 是模块别名，fun1 与 fun2 是模块中的函数。

创建模块文件 ceshi.py，具体代码如下：

```
def  fib(n):                          # 返回具有 n 个数的斐波那契数列
    result=[]
    a,b=0,1
    while b<n:
        result.append(b)
        a,b=b,a+b
    return result
```

调用模块，创建.py 文件，具体代码如下：

```
from ceshi import fib
print(fib(500))
```

运行结果如图 1-51 所示。

```
========================= RESTART: D:/Python10/17.py =========================
[1, 1, 2, 3, 5, 8, 13, 21, 34, 55, 89, 144, 233, 377]
|
```

图 1-51　运行结果

2. math 库

math 库中的常用函数如表 1-12 所示。

表 1-12　math 库中的常用函数

函数	功能
math.sqrt()	计算平方根，返回的数据为浮点数
math.log(x,y)	计算对数，其中 x 为真数，y 为底数
math.ceil()	向上取整操作
math.floor()	向下取整操作
math.pow()	计算一个数值的 *N* 次方
math.fabs()	计算一个数值的绝对值
math.pi	圆周率
math.e	自然常数 e

示例代码如下：

```
import math
a=5
b=-2
c=-2.1516
print(math.pi)
print(math.e)
print(math.fabs(b))
print(math.sqrt(a))
print(math.ceil(c))
print(math.floor(c))
print(math.pow(a,3))
```

运行结果如图 1-52 所示。

```
3.141592653589793
2.718281828459045
2.0
2.23606797749979
-2
-3
125.0
```

图 1-52　运行结果

3．random 库

random 库中的常用函数如表 1-13 所示。

表 1-13　random 库中的常用函数

函数	功能
random.random()	随机生成一个 0～1 之间的浮点数
random.randint()	随机生成指定范围内的整数
random.choice()	接收一个列表，返回值是从输入列表中随机选中的一个元素

示例代码如下：

```
import random
dice=[1,2,3,4,5,6]
m=11
n=20
print(random.random())
print(random.randint(m,n))
print(random.choice(dice))
```

运行结果如图 1-53 所示。

```
0.24472660085572617
13
2
```

图 1-53　运行结果

1.8　小结

本章主要讲解了 Python 的优点、开发环境的搭建、基本语法结构、数据类型、运算符、数据类型、分支语句、循环语句、函数与模块。经过本章的学习，我们对 Python 有一定了解，并掌握 Python 基本的语法结构，要注重 Python 与其他高级语言的比较，发现不同之处，掌握组合数据类型，重视组合类型与函数的综合应用，熟悉标准库的用法。

习题 1

1. 简述 list、tuple、dict、set 之间的区别。
2. 简述跳转语句 continue、break 的作用。
3. 导入模块的方法有哪些？举例说明其不同之处。
4. 将下列数学表达式写成 Python 中的表达式，并编写程序进行求解。

（1）$\dfrac{a+b}{x-y}$　　　　（2）$\sqrt{p(p-a)(p-b)(p-c)}$

提示：计算开平方根式，需要导入 math 模块中的 sqrt()函数。

```
From math import sqrt
```

5. 编写一个 Python 程序，任意输入三个数，能按大小顺序输出。
6. 编写一个 Python 程序，查找 100 以内 3 的倍数，并将其输出。

第 2 章 面向对象

面向对象程序设计从人们的思维习惯出发，把客观世界中的一切事物都看成对象，有关事物的特性及事物的动作构成对象的描述，事物的具体描述即为某个动物或植物等，事物之间的关系描述为对象之间的关系，这就是面向对象。每种事物在面向对象编程过程中都是一个类，在类中添加事物的特性及动作是专指某个对象。

2.1 类与对象

2.1.1 创建类

创建类的语法格式如下：

```
class 类名:
类的属性（成员变量）
…
类的方法（成员方法）
```

可见，创建类用 class 进行声明，其中：

类名：首字母大写。

属性：用于对事务特性的描述，若描述人，则如姓名、年龄、性别、体重、肤色等。

方法：用于对事务动作的描述，若描述猫，则如说话等。

示例代码 1 如下：

```
class Person:
    def __init__(self,name,age,sex):
        self.name=name
        self.age=age
        self.sex=sex
    def speak(self):
        print(self.name+", "+self.age+", "+self.sex)
```

在示例代码 1 中，Person 表示类名；name、age、sex 表示属性；_ _init_ _、speak()表示方法。

示例代码 2 如下：

```
class Phone:
    def send(self):
        print("打电话")
    def receive(self):
        print("接听电话")
```

在示例代码 2 中，Phone 表示类名；send()、receive()表示方法。

2.1.2 创建对象

创建对象的语法格式如下：

```
对象名=类名()
```

利用对象可以访问类中的属性和方法。
创建对象的示例代码 1 如下：

```
person1=Person("张三","20","男")
person1.speak()
```

利用 Person 类生成 person1 对象，对象通过“.”调用属性、方法。运行结果如图 2-1 所示。

```
C:\Users\dell\PycharmProjects\
张三，20，男
```

图 2-1 运行结果

创建对象的示例代码 2 如下：

```
phone1=Phone()
phone1.send()
phone1.receive()
```

利用 Phone 类生成 phone1 对象，调用 send()、receive()方法。运行结果如图 2-2 所示。

```
C:\Users\dell\PycharmProjects\
打电话
接听电话
```

图 2-2 运行结果

2.2 构造与析构方法

2.2.1 构造方法

构造方法用于初始化成员变量、生成对象，定义类时的__init__(参数)方法称为构造方法，若定义类中没有构造方法，则会默认给类提供一个构造方法，用于对象的创建、调用工作。构造方法分为无参、有参两种。

无参的构造方法指参数列表中没有类的属性参数，示例代码如下：

```
class MyInfo:
    def __init__(self):
        self.id="1001"
        self.name="李四"
        self.grade=79
    def info(self):
        print("{0},{1},{2}".format(self.id,self.name,self.grade))
myinfo1=MyInfo()
myinfo1.info()
```

对于 MyInfo 类的构造方法_ _init_ _(参数)，参数列表中没有属性参数，在通过类生成实例化对象 myinfo1 时也没有参数，如 myinfo1=MyInfo()。

运行结果如图 2-3 所示。

```
C:\Users\dell\PycharmProjects\
1001,李四,79
```

图 2-3 运行结果

有参的构造方法指参数列表中有类的属性参数，示例代码如下：

```
class MyInfo:
    def __init__(self,id,name,grade):
        self.id=id
        self.name=name
        self.grade=grade
    def info(self):
        print("%s,%s,%d"%(self.id,self.name,self.grade))
myinfo2=MyInfo("1002","李四",88)
myinfo2.info()
```

对于 MyInfo 类的构造方法_ _init_ _(参数)，参数列表中含有属性参数（id, name, grade)，在通过类生成实例化对象 myinfo2 时，同样含有参数，如 myinfo2=MyInfo("1002","李四",88)。

运行结果如图 2-4 所示。

```
C:\Users\dell\PycharmProjects\
1002,李四,88
```

图 2-4 运行结果

2.2.2 析构方法

析构方法用于释放对象占用的资源，当类中没有定义析构方法时，会提供一个默认的析构方法，执行对象所占资源的收回工作，析构方法用_ _del_ _(self)表示。

示例代码如下：

```
class MyInfo:
    def __init__(self,id,name,grade):
        self.id=id
        self.name=name
        self.grade=grade
    def info(self):
        print("{},{},{}".format(self.id,self.name,self.grade))
    def __del__(self):
        print("对象被清除！")
myinfo2=MyInfo("1003","王五",80)
myinfo2.info()
```

运行结果如图 2-5 所示。

```
C:\Users\dell\PycharmProjects
1003,王五,80
对象被清除！
```

图 2-5　运行结果

由此可见、析构方法__del__可以自动执行，以收回对象占用的资源。

2.3　变量

2.3.1　成员变量

成员变量又称属性。在构造方法_ _init_ _(参数)中定义，成员变量通常用于实例化对象，它属于对象，可以通过对象对其调用。

示例代码如下：

```
class Person:
    def __init__(self,name,age,weight):
        self.name=name
        self.age=age
        self.weight=weight
person=Person("张三",19,50)
print(person.name)
print(person.age)
print(person.weight)
```

类 Person 中的成员变量有 name、age、weight，这三个变量全部定义在_ _init_ _方法中，通过对象调用成员变量。对于示例代码中生成的对象 person，不能利用类对其进行调用。

运行结果如图 2-6 所示。

```
C:\Users\dell\PycharmProjects\
张三
19
50
```

图 2-6 运行结果

当成员变量使用类名调用时，会报错，如把示例代码中的成员变量是 name 的，用类名 Person 对其进行调用。

示例代码 2：

```
class Person:
    def __init__(self,name,age,weight):
        self.name=name
        self.age=age
        self.weight=weight
person=Person("张三",19,50)
print(Person.name)
```

注意，利用类 Person 调用成员变量 name，这是一种错误的调用方法。

运行结果如图 2-7 所示。

```
Traceback (most recent call last):
  File "C:/Users/dell/PycharmProjects/python教材/第2章/3.2.py", line 9, in <module>
    print(Person.name)
AttributeError: type object 'Person' has no attribute 'name'
```

图 2-7 运行结果

2.3.2 类变量

类变量又称类属性。在类中的方法体外对类变量进行定义，可以用类名访问类变量，也可以用对象名访问类变量。

示例代码如下：

```
class Person:
    height=177
    def __init__(self,name,age,weight):
        self.name=name
        self.age=age
        self.weight=weight
    def sayHeight(self):
        print(self.height)
person=Person("张三",19,50)
print(person.name)
person.height=190
print(person.height)
```

```
print(Person.height)
person.sayHeight()
print('=================')
Person.height=200
print(person.height)
print(Person.height)
person.sayHeight()
```

在类 Person 中，定义了一个类变量 height 和实例化对象 person，利用对象和类分别调用类变量并对其进行赋值。

运行结果如图 2-8 所示。

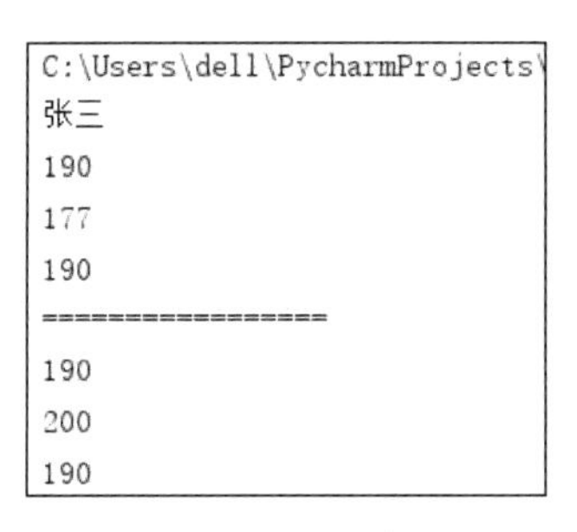
C:\Users\dell\PycharmProjects\
张三
190
177
190
=================
190
200
190

图 2-8　运行结果

由运行结果可知，当利用对象调用类变量并对其进行赋值后，随后的输出语句对象调用的结果为更改后的值，类调用的结果为类变量的原值；当利用类调用类变量并对其进行赋值后，随后的输出语句对象调用的结果不变，类调用的结果为更改后的值。

2.4　方法

2.4.1　实例方法

实例方法格式如下：

```
class 类名
def 实例方法名 (self):
        方法体
```

实例方法中至少包含一个 self 参数，且是参数列表中的第一个参数，使用对象对 self 参数进行调用，其构造方法和析构方法都属于实例方法。

示例代码如下：

```
class Dog():
    age=3
    def __init__(self):
        self.name="小黑"
    def info(self):
```

```
        print("{}{}岁了！".format(self.name,self.age))
    def __del__(self):
        print("对象被清除！")
dog=Dog()
dog.info()
Dog.info(dog)
```

在类 Dog 中定义了三个实例方法，分别是__init__、info、__del__，通过对象调用实例方法的格式为：对象名.实例方法名()，也可以利用类名调用实例方法，其格式为：类名.实例方法名(对象名)。

运行结果如图 2-9 所示。

```
C:\Users\dell\PycharmProjects
小黑3岁了!
小黑3岁了!
对象被清除!
```

图 2-9 运行结果

2.4.2 类方法

类方法的语法格式如下：

```
class 类名
    @classmethod
    def 类方法名(cls):
        方法体
```

可见类方法需要用@classmethod 进行标识，类方法中的第一个参数是 cls，可以用类调用类方法，也可以用对象调用类方法。

示例代码如下：

```
class Dog():
    age=3
    def __init__(self):
        self.name="小黑"
    @classmethod
    def eat(cls):
        print("小黑{}岁了！".format(cls.age))
dog=Dog()
dog.eat()
Dog.eat()
```

在类 Dog 中定义了一个类方法 eat()，用 cls 调用类变量 age，分别使用对象 dog 和类 Dog 调用类方法。

运行结果如图 2-10 所示。

```
C:\Users\dell\PycharmProjects
小黑3岁了!
小黑3岁了!
```

图 2-10 运行结果

需要注意：cls 不能调用成员变量，但可以调用类变量，若将 cls.age 更改为 cls.name，则会产生报错信息。

2.4.3 静态方法

静态方法的语法格式如下：

```
class 类名
    @staticmethod
    def 方法名(参数):
        方法体
```

可见静态方法需要用@staticmethod 进行标识，静态方法中不能出现 cls、self 参数，可以用类调用静态方法，也可以用对象调用静态方法。

示例代码如下：

```
class Dog():
    age=3
    def __init__(self):
        self.name="小黑"
    @staticmethod
    def sleep(play):
        print("小黑在{}! ".format(play))
dog=Dog()
dog.sleep("玩滑板")
Dog.sleep("游泳")
```

在类 Dog 中定义了一个静态方法 sleep()，参数列表中有一个参数 play，分别使用对象 dog 和类 Dog 调用静态方法。

运行结果如图 2-11 所示。

```
C:\Users\dell\PycharmProjects
小黑在玩滑板!
小黑在游泳!
```

图 2-11　运行结果

静态方法是类中的一个行为，静态方法无法访问类变量和成员变量。示例代码如下：

```
class Dog():
    age=3
    def __init__(self):
        self.name="小黑"
    @staticmethod
    def sleep(play):
        print("小黑在{}! ".format(play))
        print("{}在玩! ".format(self.name))
        print("小黑的年龄是: {}! ".format(cls.age))
dog=Dog()
dog.sleep("玩滑板")
Dog.sleep("游泳")
```

注意，若在静态方法 sleep()中应用 self.name、cls.age，则会报错。

2.5 继承

2.5.1 类的继承

继承可以理解为类中属性和方法的重用，描述了类与类之间存在的关系，减少代码的编写。继承的语法格式如下：

```
class 子类名(父类名):
    属性
    方法
```

示例代码如下：

```
class Person:
    id="1001"name='Person 类的 name'
    age='Person 类的 age'
    def __init__(self,name,age):
        self.name=name
        self.age=age
        print('这里是 Person 类的构造方法')
    def eat(self):
        print('%s 在吃饭(Person 类 eat 方法)'%self.name)
    def sleep(self):
        print('%s 在睡觉(Person 类 sleep 方法)'%self.name)
class Teacher(Person):
    name='Teacher 类的 name'
    def work(self):
        print('%s 在工作(Teacher 类 work 方法)' %self.name)
test=Teacher("张三",25)
test.work()
test.sleep()
print(test.name)
print(Person.name)
print(Person.age)
print(Teacher.age)
print(test.age)
print(Teacher.name)
print(Teacher.id)
```

在以上代码中定义了两个类：Person 和 Teacher，其中 Person 类是 Teacher 类的父类，Person 类中定义了 eat()和 sleep()方法，Teacher 类中定义了 work()方法，在子类实例化对象时，若子类中没有构造方法，则可以调用父类中的构造方法，同样子类也可以调用父类中的属性。

运行结果如图 2-12 所示。

```
C:\Users\dell\PycharmProjects
这里是Person类的构造方法
张三 在工作(Teacher类work方法)
张三 在睡觉(Person类sleep方法)
张三
Person类的name
Person类的age
Person类的age
25
Teacher类的name
1001
```

图 2-12　运行结果

经以上代码测试，继承减少了代码的重写，在子类 Teacher 中，可以调用父类中的 eat()、sleep()方法，子类对象调用父类中的成员变量，子类和父类分别以类名调用自身的类变量，当子类中调用的变量不存在时，就会调用父类中对应的变量，如 Teacher.id，id 在子类中不存在，调用父类中的值为 1001。

2.5.2　方法的重写

子类继承父类，子类也继承了父类的方法。假如父类中的方法无法实现子类中的行为，那么在子类中可以以相同的名字作为方法名，称为方法的重写。重写的方法拥有相同的方法名和参数列表。

示例代码如下：

```
class Animal:
    def eat(self):
        print("-----吃----")
    def drink(self):
        print("-----喝----")
    def sleep(self):
        print("-----睡觉----")
class Bixiong(Animal):
    def bark(self):
        print("----汪汪叫---")

class Jinmao(Bixiong):
    def run(self):
        print("----跑----")
    def bark(self):
        print("----狂叫-----")
        Bixiong.bark(self)
```

```
        super().bark()
jinmao=Jinmao()
jinmao.run()
jinmao.bark()
jinmao.eat()
```

在以上代码中定义了三个类：Animal、Bixiong、Jinmao，其中 Bixiong 继承于 Animal，Jinmao 继承于 Bixiong，其中 Bixiong、Jinmao 两个类用同一个方法 bark()描述动物的叫声，可以看到 bark 方法在两个类中的方法名和参数列表都相同，故在 Jinmao 类中实现了方法 bark()的重写。

运行结果如图 2-13 所示。

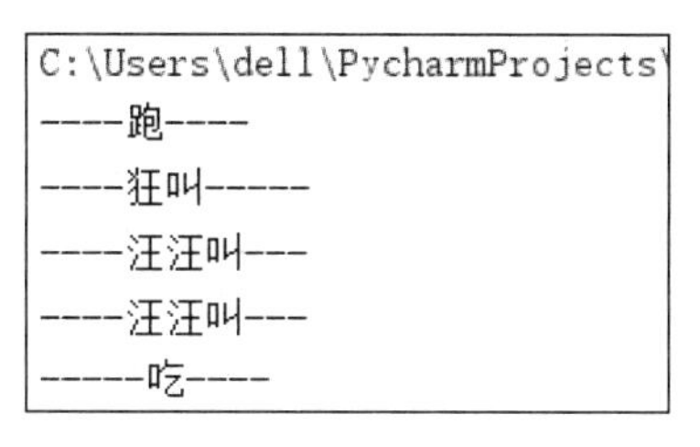
C:\Users\dell\PycharmProjects\
----跑----
----狂叫-----
----汪汪叫---
----汪汪叫---
-----吃----

图 2-13　运行结果

注意：当子类重写父类中的方法时，如果想要调用父类中被重写的方法，那么需要在子类中用父类名调用，如 Bixiong.bark(self)，或者在子类中通过方法 super()进行调用，如 super().bark()。

2.5.3　多重继承

现实中存在某种事物具备多种事物的特征，为描述此类情形，可以用多重继承的方式实现，即一个子类继承多个父类，拥有多个父类的属性和方法。

多重继承的语法格式如下：

```
class 父类1:
    属性
    方法
class 父类2:
    属性
    方法
class 子类(父类1,父类2,…):
    属性
    方法
```

示例代码如下：

```
class A:
    def weng(self):
        print('A类：weng')
class B(A):
```

```
    def ling(self):
        print('B类: ling')
class C(A):
    def ling(self):
        print('C类: LING')
class D(B,C):
    def weng(self):
        super().weng()
        print('D类: ding')
    def ding(self):
        self.weng()
        super().weng()
        self.ling()
        super().ling()
        C.ling(self)
d=D()
d.ling()
C.ling(d)
d.ding()
```

在以上代码中，定义了 4 个类，分别是 A、B、C、D，其中 A 是 B、C 的父类，B、C 是 D 的父类。在 A 中定义了方法 weng()，在 B、C 中分别定义了方法 ling()与 LING()，在 D 中定义了方法 weng()和 ding()。该段代码应用了多重继承。

运行结果如图 2-14 所示。

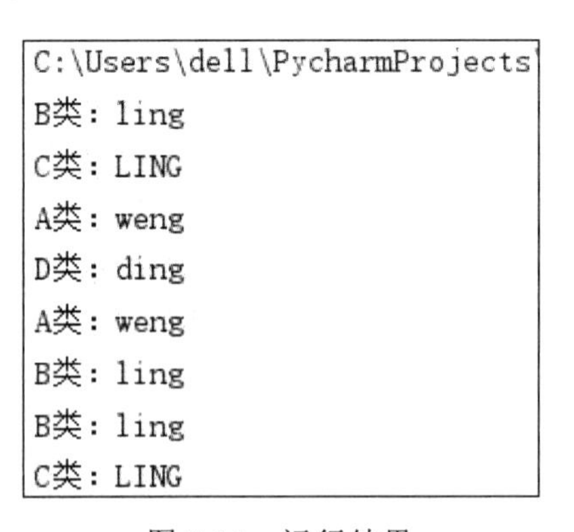

图 2-14　运行结果

注意：当一个类继承多个父类，并且多个父类都存在同一个方法时，在子类方法中，若利用 super()访问多个父类都存在的方法，则在子类的父类列表中哪一个父类在前就先访问哪一个父类的方法。

2.6　多态

当多个类继承同一个父类时，对于某种行为，如果每个子类都有自己的行为特征，那么就需要在每个子类中重写与父类同名的方法，这个方法在每个子类中都可以实现自身的功能，这就是多态。

示例代码如下：

```
class Animal:
    def __init__(self,name):
        self.name=name
    def enjoy(self):
        print('Animal: ......')
class Dog(Animal):
    def enjoy(self):
        print(self.name+': miaomiao...')
class Cat(Animal):
    def enjoy(self):
        print(self.name+': wangwang...')
dog=Dog("dog")
dog.enjoy()
cat=Cat("cat")
cat.enjoy()
```

在以上代码中，类Dog、Cat继承Animal父类，重写enjoy()方法，表示Dog、Cat两种动物开心时的情形。

运行结果如图2-15所示。

```
C:\Users\dell\PycharmProjects\
dog: miaomiao...
cat: wangwang...
```

图2-15 运行结果

注意：若要实现多态，则需要同时具备继承和方法的重写。

2.7 小结

本章主要讲解了类的定义，构造方法的定义与使用，变量的定义，实例方法、类方法、静态方法的区别与调用，继承的作用与实现，多态的含义。注意，在类方法、静态方法、实例方法中调用变量时，容易出现混淆，在编写多重继承时，需要理清思路，以及多态实现时需要包含的特性。

习题2

1. 简述什么是类变量及成员变量。

2．简述类方法与静态方法之间的区别。

3．什么是继承？实现多重继承的语法格式是什么？

4．什么是多态？

5．编写一个 Person 类，要求通过属性统计实例化对象个数，并输出。

6．已知两个类 Demo1、Demo2，分别实现了 sayhello()方法，要求调用 Demo2 类中的 sayhello()，能够显示 Demo1 中 sayhello()方法的输出内容。

第 3 章 多 线 程

多线程是指在一个程序中有多个程序片段同时执行，每个程序片段对应一个线程，借此提高程序的执行效率。程序的执行顺序可以通过线程的阻塞、同步等机制实现，令程序的执行流程符合人们的思维逻辑。

3.1 认识线程

常用的操作系统有 Windows、Linux、macOS 等，都属于多任务操作系统。多任务是指操作系统同时可以做多件事情，例如，在使用计算机时经常一边浏览网页，一边听音乐，还可以观看视频。当然还有一些看不到的程序在后台运行，这些程序可以在“任务管理器”中查看。

在操作系统中，一次可以执行多个任务，那么单个 CPU 怎么执行多任务呢？其实 CPU 在同一个时间点只能执行一个任务，多个任务按照一定的执行逻辑依次在 CPU 上运行。只不过 CPU 执行速度很快，人们感受不到任务间的交替执行。

在操作系统中，一个任务对应一个进程。例如，浏览网页启动一个浏览器进程，听音乐启动一个音乐进程等。在进程中同样包含多个子任务，多个子任务可以同时执行，例如，对于音乐进程，一边有声音的播放，一边有字幕的播报，同样还有视频的播放等。在进程中的这些子任务就称为线程。当然一个进程可以有多个线程，也可以只有一个线程，但至少要有一个线程。

3.2 创建线程

3.2.1 Thread()方法

Python 创建线程是利用 threading 模块完成的，在开展多线程编程时需要提前导入该模块，如：

```
import threading
```

利用方法 Thread()创建线程，该方法的结构如下：

```
class threading.Thread(group=None,target=None,name=None,args=(),
kwargs={},*,daemon=None)
```

group：默认为 None，是实现 Thread 类的扩展保留。

target：线程调用的回调对象，也是被方法 run()调用的回调对象，默认为 None。

name：线程名称，默认形式为“Thread-N”，序号从 1 开始，即 Thread-1。

args：目标函数调用的参数，默认为空元组()。

kwargs：目标函数调用的关键字参数，默认为{}。

示例代码如下：

```
import threading
import time
def test(x,y):
    for i in range(x,y):
        print("test: ",i)
        time.sleep(1)
thread1=threading.Thread(name="thread1",target=test,args=(1,5))
thread1.start()
for i in range(5):
print("main: ",i)
```

从以上代码可以看出，实现线程编程需要导入 threading 模块，即 import threading。在 Thread()方法中用到了参数 name、target、args，通过 args 给方法 test()传递两个实参。利用 start()方法启动线程。

运行结果如图 3-1 所示。

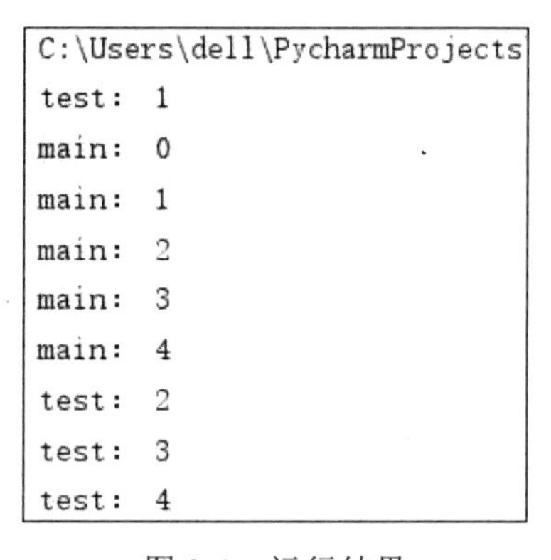

图 3-1　运行结果

注意：在使用 Thread()方法创建线程时，需要在参数列表中用 target 指明线程启动时需要调用的方法。从结果可以看出，主线程输出“main：0”～“main：4”，子线程输出“test：1”～“test：4”。由于线程具有并发运行机制，因此每次运行的结果都不相同。

3.2.2　继承线程类

通过继承线程类实现多线程编程是常用的方法。

继承线程类的语法格式如下：

```
class 类名(threading.Thread):
    …
    def run(self):
        …
```

在使用继承线程类实现多线程编程时，仍然先需要导入 threading 模块，即 import threading，然后在子类参数列表中填写父类，即 threading.Thread，最后重写父类中的 run()方法。

示例代码如下：

```
import threading
class MyThread(threading.Thread):
    def run(self):
        for i in range(5):
            print(i)
thread1=MyThread()
thread2=MyThread()
thread1.start()
thread2.start()
```

以上代码自定义类 MyThread，继承一个父类 threading.Thread 以实现多线程编程，重写父类中的 run()方法，实例化线程 thread1 与 thread2。

运行结果如图 3-2 所示。

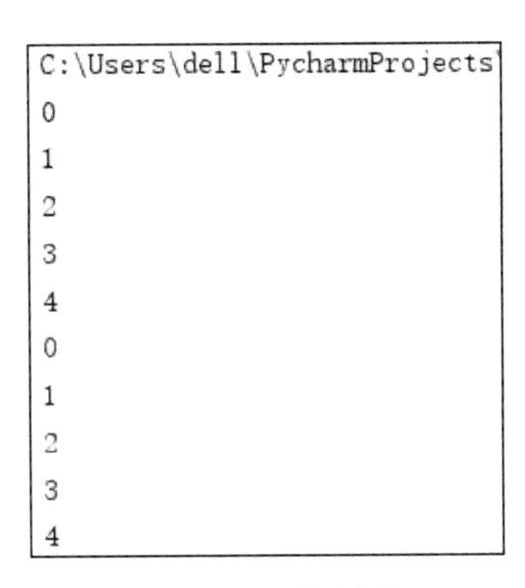

图 3-2 运行结果

示例代码如下：

```
import threading
class MyThread (threading.Thread):
    def __init__(self,name):
        threading.Thread.__init__(self)
        self.name=name
    def run(self):
        print ("开始线程: "+self.name)
```

```
        for i in range(4):
            print(i)
        print ("退出线程: "+self.name)
thread1=MyThread("Thread-1")
thread2=MyThread("Thread-2")
thread1.start()
thread2.start()
print ("退出主线程")
```

以上代码自定义类 MyThread，继承 threading.Thread 类以实现多线程编程，重写 __init__()与 run()方法，在__init__()方法参数列表中定义参数 name，参数 name 是当前对象的 name 初始化值，在 run()方法中编写 for 循环。

运行结果如图 3-3 所示。

```
C:\Users\dell\PycharmProjects\
开始线程：Thread-1
0
1
2
3
退出线程：Thread-1
开始线程：Thread-2
0
1
2
3退出主线程

退出线程：Thread-2
```

图 3-3　运行结果

3.2.3　守护线程

在多线程编程中，每个程序都有一个主线程，主线程与子线程之间存在一种关系。当子线程的 daemon 属性为 True 时，该线程就成为守护线程，主线程结束后，不管其他线程是否执行完毕，都会被强制结束；当子线程的 daemon 属性为 False 时，主线程结束后，其他线程会继续执行，直至结束。

示例代码如下：

```
import threading
import time
class MyThread(threading.Thread):
    time.sleep(5)
    def __init__(self,name):
        threading.Thread.__init__(self)
```

```
            self.name=name
        def run(self):
            for i in range(5):
                print("%s %s"%(self.name,i))
    thread1=MyThread("Thread1: ")
    thread1.daemon="true"
    thread1.start()
    print("主线程执行结束！")
```

在以上代码中，自定义一个类 MyThread，并生成对象 thread1，为该对象的 daemon 属性赋值为 True，那么，当主线程的 print("主线程执行结束！")输出语句执行完毕后，属性 daemon 为 True 的子线程不管是否执行完毕，都会结束执行。

运行结果如图 3-4 所示。

```
C:\Users\dell\PycharmProjects
Thread1:  0
Thread1:  1
Thread1:  2
主线程执行结束!
```

图 3-4　运行结果

由运行结果可知，主线程执行完毕后，子线程并没有执行完毕，但是因其 daemon 属性为 True，故自动终止执行。

3.3　join()方法

对于多线程编程，线程间可以通过线程的 join()方法灵活处理多个线程的前后执行顺序，使其执行顺序符合人们的设计要求或规则。在某个线程中或后执行 join()方法时，所在线程阻塞，直至当前线程执行完毕后才会继续执行被阻塞的线程。

示例代码如下：

```
import threading
import time
    class MyThread(threading.Thread): time.sleep(10)
    def __init__(self,name):
        threading.Thread.__init__(self)
        self.name=name
    def run(self):
        for i in range(3):
            print("{} {}".format(self.name,i))
thread1=MyThread("Thread-1")
thread1.start()
thread1.join()
print("主线程执行结束！")
```

在以上代码中，自定义一个类 MyThread，并导入 time 模块，当执行子线程 Thread-1 时，按照代码逻辑等待 time.sleep(10)，但是，在启动子线程后编写方法 thread1.join()，那么主线程会等待子线程 Thread-1 执行完毕后再执行。

运行结果如图 3-5 所示。

```
C:\Users\dell\PycharmProjects\
Thread-1 0
Thread-1 1
Thread-1 2
主线程执行结束!
```

图 3-5　运行结果

由运行结果可知，在方法 thread1.start()后编写方法 thread1.join()，主线程阻塞，等待子线程 Thread-1 运行完毕后，主线程再运行。

示例代码如下：

```
import threading
import time
def thread1():
    time.sleep(10)
    sum=0
    for i in range(3):
        print('thread1 '+str(sum))
        sum=sum+1
def thread2():
    sum=0
    for i in range(3):
        print('thread2 '+str(sum))
        sum=sum+1
threads=[]
thr1=threading.Thread(target=thread1)
threads.append(thr1)
thr2=threading.Thread(target=thread2)
threads.append(thr2)
if __name__=='__main__':
    for i in threads:
        i.start()
        i.join()
print("这是主线程 :")
```

在以上代码中有两个方法：thread1()与 thread2()，并定义一个列表 threads，分别把线程对象 thr1、thr2 放进列表中，利用 join()方法保证先执行 thr1，再执行 thr2。

运行结果如图 3-6 所示。

```
C:\Users\dell\PycharmProjects\
thread1 0
thread1 1
thread1 2
thread2 0
thread2 1
thread2 2
这是主线程 :
```

图 3-6 运行结果

3.4 线程同步

3.4.1 认识同步

现实生活中，通常会遇到多人、多物在同一时间准备占有同一资源。例如，多个人同时想坐一个空座；多个小朋友想同时推一个推车；多个用户想同时访问同一个文件。在这些情形下，都会导致冲突，为避免冲突的发生，Python 引入同步来解决冲突。多线程竞争的资源也称为临界资源。

假如多个线程之间没有约束，必然会导致错误。例如，多个用户线程同时要访问文件资源，一个用户执行读取操作，另一个用户执行修改操作，如果文件没有被修改完成，就读取文件，那么这样读取的数据结果将会出错。

在 Python 中，解决多线程竞争占用临界资源的方法是“锁”，其作用是在同一时间只允许一个线程访问临界资源，其他线程进入等待序列，当前一个线程结束占用临界资源时，再由等待序列中的线程依次访问。

3.4.2 锁

示例代码如下：

```
import threading
import time
class MyThread(threading.Thread):
    def run(self):
        global x
        x+=10
        time.sleep(1)
        print("%s: %d"%(self.name,x))
x=0
list1=[]
for i in range(5):
    list1.append(MyThread())
for t in list1:
t.start()
```

在以上代码中，自定义一个线程类 MyThread，重写 run()方法，定义 list1 序列，利用 append()方法给 list1 序列添加 5 个对象，并启动线程。

运行结果如图 3-7 所示。

```
C:\Users\dell\PycharmProjects
Thread-4: 50
Thread-1: 50
Thread-5: 50
Thread-2: 50
Thread-3: 50
```

图 3-7　运行结果

由运行结果可知，多个线程同时访问临界资源 x，导致该运行结果出错，此时就需要用到锁机制，把临界资源放在 acquire()与 release()之间，acquire()与 release()分别表示上锁和解锁。

更改后的代码如下：

```
import threading
import time
class MyThread(threading.Thread):
    def run(self):
        global x
        lock.acquire()
        x+=10
        time.sleep(1)
        print("%s: %d"%(self.name,x))
        lock.release()
x=0
lock=threading.RLock()
list1=[]
for i in range(5):
    list1.append(MyThread())
for t in list1:
    t.start()
```

在以上代码中，对“锁”对象 lock 进行实例化，在临界资源上、下分别编写 lock.acquire()与 lock.release()，实现多线程运行的同步机制。

运行结果如图 3-8 所示。

```
C:\Users\dell\PycharmProjects
Thread-1: 10
Thread-2: 20
Thread-3: 30
Thread-4: 40
Thread-5: 50
```

图 3-8　运行结果

由运行结果可知，线程运行实现了同步，共享了临界资源。

以上两段代码都是用继承线程类方式实现同步的，下面利用 Thread()方法实现同步。

示例代码如下：

```
import threading
import time
def thread1():
    global x
    x+=1
    time.sleep(1)
    print("{}".format(x))
if __name__=='__main__':
    x=0
    for i in range(5):
        thr=threading.Thread(target=thread1)
        thr.start()
```

在以上代码中，利用 Thread()方法生成线程对象，多线程共享临界资源 x。

运行结果如图 3-9 所示。

```
C:\Users\dell\PycharmProjects
5
5
555
```

图 3-9 运行结果

由运行结果可知，多线程共享临界资源 x，导致输出结果出错。

更改后的代码如下：

```
import threading
import time
def thread1():
    global x
    lock.acquire()
    x+=1
    time.sleep(1)
    print("{}".format(x))
    lock.release()
if __name__=='__main__':
    x=0
    lock=threading.RLock()
    for i in range(5):
        thr1=threading.Thread(target=thread1)
        thr1.start()
```

在以上代码中，利用 Thread()方法生成线程对象，通过 for 循环生成 5 个线程，并启动全部线程，多个线程共享临界资源 x，使用锁机制实现多线程同步执行。

运行结果如图 3-10 所示。

```
C:\Users\dell\PycharmProjects
1
2
3
4
5
```

图 3-10　运行结果

3.4.3　条件变量

在 threading 模块中，提供了一个 condition()方法，该方法称为条件变量。条件变量与锁机制结合，处理复杂的多线程间的临界资源共享及逻辑问题。同时，可以利用方法 notify()通知等待池中的线程执行，方法 wait()使当前线程进入等待池，等待被唤醒。

示例代码如下：

```
import threading
import time
from itertools import count
condition=threading.Condition()
number=0
class Producer(threading.Thread):
    def __init__(self,name):
        threading.Thread.__init__(self)
        self.name=name
    def run(self):
        global number
        condition.acquire()
        print("开始添加！")
        for _ in count():
            number+=1
            print ("%s 添加鱼丸,鱼丸个数：%d" % (self.name,number))
            time.sleep(1)
            if number>=3:
                print ("碗里的鱼丸个数达到 3 个，不要再添加了！")
                condition.notify()
                condition.wait()
        condition.release()
class Consumers(threading.Thread):
    def __init__(self,name):
        threading.Thread.__init__(self)
```

```
        self.name=name
    def run(self):
        condition.acquire()
        global number
        print("开始吃啦！")
        for _ in count():
            number-=1
            print ("%s 吃鱼丸,剩余鱼丸个数：%d" % (self.name,number))
            time.sleep(2)
            if number<=0:
                print ("碗里没有鱼丸了，请再来一碗！")
                condition.notify()
                condition.wait()
        condition.release()
zhangsan=Producer("张三")
consumer=Consumers("consumer")
zhangsan.start()
consumer.start()
```

在以上代码中，定义两个线程类 Producer 和 Consumers，其中，类 Producer 描述餐馆做鱼丸，类 Consumers 描述顾客吃鱼丸。

运行结果如图 3-11 所示。

```
C:\Users\dell\PycharmProjects\python
开始添加!
张三添加鱼丸,鱼丸个数：1
张三添加鱼丸,鱼丸个数：2
张三添加鱼丸,鱼丸个数：3
碗里的鱼丸个数达到3个，不要再添加了!
开始吃啦!
consumer吃鱼丸,剩余鱼丸个数：2
consumer吃鱼丸,剩余鱼丸个数：1
consumer吃鱼丸,剩余鱼丸个数：0
碗里没有鱼丸了，请再来一碗!
张三添加鱼丸,鱼丸个数：1
张三添加鱼丸,鱼丸个数：2
张三添加鱼丸,鱼丸个数：3
```

图 3-11　运行结果

由运行结果可知，每个线程都添加了条件变量，通过条件变量实现了厨师做饭、顾客吃饭的逻辑。

3.5　小结

本章主要讲解了什么是线程，创建线程的两种方法，守护线程的含义，设置守护线程的方法，join()方法的应用，认识同步，实现线程间同步的方法：锁、条件变量。熟练使用两种方法创建线程，理解同步，熟悉同步应用的场景，掌握 join()、wait()、notify()等方法的协同使用。

习题 3

1. 简述什么是线程、进程，它们之间的区别是什么？
2. 什么是守护线程？如何设置守护线程？
3. 简述线程中 join()方法的作用。
4. 使用两种不同方法创建线程类 MyThread。
5. 要求创建线程解决现实生活中的线程同步问题，使临界资源能够被有序访问。

第 4 章 数据库编程

常见的可视化应用程序大多有数据存储需求。数据库是数据存储的仓库，是存储在计算机内、有组织、可共享的大量数据集合，有助于用户通过编程对数据进行添加、删除、更新、查找等操作。其中，查找操作是用户对交互软件的一种普遍需求。

4.1 认识数据库

随着信息技术的快速发展，数据量呈现爆发式增长，数字、文字符号、图像、声音、视频等都是数据，面临的问题是如何实现数据存储、数据访问、数据共享、数据安全。为了解决这些数据问题，于 20 世纪 60 年代出现了数据库技术。

数据库分为关系型和非关系型，其中关系型数据库以二维表的形式存放数据，二维表中的列称为字段，行称为记录。通常情况下，一个数据库中存在多张数据表，每张数据表都表示一个实体或关系。

本章以 SQLite 为例，介绍 Python 数据库编程。SQLite 的优点如下：

（1）SQLite 是轻量级的数据库工具。

（2）SQLite 不需要配置，解压即可使用。

（3）SQLite 自给自足，不需要外部依赖。

（4）SQLite 支持多种平台运行。

4.2 数据类型

数据类型用来定义数据库中字段的取值范围、存储形式。SQLite 数据库中常用的数据类型如表 4-1 所示。

表 4-1 SQLite 数据库中常用的数据类型

类型	描述
bit	其值只能是 0、1 或空值
int	整数取值范围为-2147483648～2147483647
smallint	整数取值范围为-32768～32767
float	近似数值浮点类型

续表

类型	描述
datetime	表示日期和时间
char	存储定长字符
varchar	存储变长字符，字符长度不确定
text	存储大量字符

4.3 SQLite 的基本操作

4.3.1 创建

数据表是一张二维表，由行和列组成，又分别称为记录和字段，每个字段都有一个类型标识，字段不能重复，创建数据表的语法格式如下：

```
create table 表名(
    字段 1 数据类型,
字段 2 数据类型,
    ⋮
字段 n 数据类型
)
```

创建数据表使用的逗号和括号均是英文输入法下的字符，除了最后一个字段，其余字段均以逗号结尾。

现在要在 test.db 数据库中，创建一个数据表 student，该表的结构如表 4-2 所示。

表 4-2 student 数据表的结构

字段名	类型与约束
s_id	INT 类型，不能为空，主键约束
s_name	VARCHAR (15)类型，不能为空
s_gender	CHAR (2)，不能为空，默认值“男”
s_age	INT 类型，不能为空

创建 student 数据表的命令如下：

```
CREATE TABLE student (
    s_id     INT            Primary Key  Not NULL,
    s_name  VARCHAR (15)   Not NULL,
    s_gender  CHAR (2)     Not NULL  Default 男,
    s_age    INT            Not NULL
);
```

根据 student 数据表创建命令，Not NULL 表示不能为空，Default 为默认值，Primary Key 为主键约束，多个约束间用空格隔开。

若向创建的数据表结构添加字段，则可以使用 alter 命令，其语法结构如下：

```
alter table 表名 add column 字段名
```

要求在 student 数据表结构中加入字段 s_address，并且要求该表不能为空。

```
alter table student add column s_address VARCHAR(20) Not Null
```

运行结果如图 4-1 所示。

test　Table name: student　☐ WITHOUT ROWID

	Name	Data type	Primary Key	Foreign Key	Unique	Check	Not NULL	Collate	Generated	Default value
1	s_id	INT	🔑				●			NULL
2	s_name	VARCHAR (15)					●			NULL
3	s_gender	CHAR (2)					●			男
4	s_age	INT					●			NULL
5	s_address	VARCHAR (20)					●			NULL

图 4-1　运行结果

4.3.2　插入

插入记录的语法格式如下：

```
insert into 表名[字段名] values(值)
```

向 student 数据表中插入记录：1001, "张三", "女", 20, "广东　佛山"，命令如下：

```
insert into student(s_id,s_name,s_gender,s_age,s_address)
values(1001,"张三","女",20,"广东 佛山");
```

运行结果如图 4-2 所示。

s_id	s_name	s_gender	s_age	s_address
1001	张三	女	20	广东 佛山

图 4-2　运行结果

假如给每个字段都插入值，且插入值在记录语法格式中。“表名[字段名]”后的字段名可以省略。例如，向 student 数据表中插入记录：1002, "李四", "女", 19, "广东　中山"，命令如下：

```
insert into student values(1002,"李四","女",19,"广东 中山");
```

运行结果如图 4-3 所示。

s_id	s_name	s_gender	s_age	s_address
1001	张三	女	20	广东 佛山
1002	李四	女	19	广东 中山

图 4-3　运行结果

student 数据表结构中的 s_gender 字段有默认值（默认值为男），在插入记录时，若默认字段没有值输入，则采用默认值。例如，向 student 数据表中插入记录：1003, "王五", 默认, 22, "广西　桂林"，命令如下：

```
    insert into student(s_id,s_name,s_age,s_address) values(1003,"王五",
22,"广西 桂林");
```

以上命令中没有输入性别字段，则运行结果如图 4-4 所示。

s_id	s_name	s_gender	s_age	s_address
1001	张三	女	20	广东 佛山
1002	李四	女	19	广东 中山
1003	王五	男	22	广西 桂林

图 4-4　运行结果

4.3.3　修改

根据个人需求可以对数据表中的字段值进行修改。修改记录的语法格式如下：

```
    update 表名 set 字段名 1=字段值,…,字段名 1=字段值 where 条件;
```

更改 student 数据表中的条件“s_name='张三'”的学生 s_id=1010，代码如下：

```
    update student set s_id=1010 where s_name='张三'
```

运行结果如图 4-5 所示。

s_id	s_name	s_gender	s_age	s_address
1010	张三	女	20	广东 佛山
1002	李四	女	19	广东 中山
1003	王五	男	22	广西 桂林

图 4-5　运行结果

当修改数据表中某个字段值，并且用一个条件无法确定修改项时，可以结合逻辑运算符 and、or 等进行修改。要求修改 student 数据表中姓名为“李四”，性别为“女”的住址信息，将住址信息改为“广西 柳州”，则可以用 and 运算符把条件连接起来，如

```
    update student set s_address='广西 柳州' where s_name='李四' and s_gender=
'女'
```

运行结果如图 4-6 所示。

s_id	s_name	s_gender	s_age	s_address
1010	张三	女	20	广东 佛山
1002	李四	女	19	广西 柳州
1003	王五	男	22	广西 桂林

图 4-6　运行结果

4.3.4　删除

根据用户的个人需求可以对数据表中的数据进行删除。与修改不同，修改针对的是某个或某几个字段，而删除针对的是数据表中的行记录。

删除记录的语法格式如下：

```
delete from 表名 where 条件;
```

删除 student 数据表中条件为“s_id=1010”的学生记录。

```
delete from student where s_id=1010;
```

运行结果如图 4-7 所示。

s_id	s_name	s_gender	s_age	s_address
1002	李四	女	19	广西 柳州
1003	王五	男	22	广西 桂林

图 4-7　运行结果

在进行删除操作时，可以进行模糊删除。例如，若要删除以某个字符开头的字符串或以某个数字开头的数值，则可以用 like 关键字进行匹配。删除 student 数据表中“s_id ”字段以 1 开头的全部记录。

```
delete from student where s_id like "1%";
```

运行结果如图 4-8 所示。

s_id	s_name	s_gender	s_age	s_address

图 4-8　运行结果

4.3.5　查找

用户可以根据个人的需要对数据表中的内容按列或行进行查找。查找的语法格式如下：

```
select 字段 from 表名 where 条件;
```

现在有一张 ceshi 数据表，要求查询表中所有学生的信息。注意，在 SQL 语句中“*”表示所有字段。

```
select*from ceshi;
```

运行结果如图 4-9 所示。

id	name	gender	age	class	major
1	张一	男	19	B1	软工
2	张二	女	20	B1	软工
3	张三	女	21	B1	软工
4	张四	男	22	B1	网工
5	张五	女	21	B2	网工
6	张六	男	19	B2	软工
7	张七	男	20	B2	网工

图 4-9　运行结果

ceshi 数据表中显示某个整型字段“X 值-X 值”的信息，显示 id 字段 2～5 的学生信息，包含 id=2 和 id=5 的学生信号。在查询语句中，“between…and…”表示某个字段的取值范围。注意，这个取值范围是连续的。

```
select*from ceshi where id between 2 and 5;
```

运行结果如图 4-10 所示。

id	name	gender	age	class	major
2	张二	女	20	B1	软工
3	张三	女	21	B1	软工
4	张四	男	22	B1	网工
5	张五	女	21	B2	网工

图 4-10　运行结果

若要求显示 ceshi 数据表中 id 不连续的学生信息，则此时可以用关键字 in。如显示 id 分别为 3、5、7 的学生信息。

```
select*from ceshi where id in(3,5,7);
```

运行结果如图 4-11 所示。

id	name	gender	age	class	major
3	张三	女	21	B1	软工
5	张五	女	21	B2	网工
7	张七	男	20	B2	网工

图 4-11　运行结果

若要统计 ceshi 数据表中性别为“女”的学生数量，则此时需要用到聚合函数 count，并且需要结合 where 条件语句。

```
select count(gender) gender_count from ceshi where gender="女";
```

运行结果如图 4-12 所示。

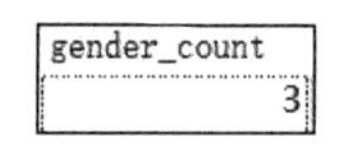

gender_count
3

图 4-12　运行结果

有些情况需要对数据表中的记录进行排序，此时要用到 order by。例如，对 ceshi 数据表中的记录 gender 字段进行排序。

```
select*from ceshi order by gender;
```

运行结果如图 4-13 所示。

id	name	gender	age	class	major
2	张二	女	20	B1	软工
3	张三	女	21	B1	软工
5	张五	女	21	B2	网工
1	张一	男	19	B1	软工
4	张四	男	22	B1	网工
6	张六	男	19	B2	软工
7	张七	男	20	B2	网工

图 4-13　运行结果

有时需要对表中的记录进行分组并统计相关信息。例如，对 ceshi 数据表中的 class、major 字段进行分组，并显示 class、major 字段信息及统计分组后的人数。

```
    select  class,major,count(class)  class_count  from  ceshi  group  by
class,major;
```

运行结果如图 4-14 所示。

class	major	class_count
B1	网工	1
B1	软工	3
B2	网工	2
B2	软工	1

图 4-14　运行结果

4.4　SQLite3 编程

4.4.1　创建数据表

前面讲解了利用 SQLite 工具创建数据表，以及对数据表中内容的基本操作示例。利用 Python 编程实现数据表的创建是本节重点讲解的内容。

Python 编程、库与库的链接都需要导入 SQLite3 模块，并且需要用 connect()方法实现。建立链接的语法格式如下：

```
    SQLite3.connect('数据库')
```

现在要在 test.db 数据库中创建一个数据表 xinxi，该数据表的结构如表 4-3 所示。

表 4-3　xinxi 数据表的结构

字段名	类型、约束
ID	INT 类型，不能为空，主键约束
NAME	VARCHAR (20)类型，不能为空
GENDER	CHAR (2)
SALARY	REAL 类型，不能为空

示例代码如下：

```
    import sqlite3
    conn=sqlite3.connect('test.db')
    print ("数据库连接成功！")
    curs=conn.cursor()
    curs.execute('''CREATE TABLE xinxi
        (ID INT PRIMARY KEY     NOT NULL,
```

```
            NAME           VARCHAR(20)    NOT NULL,
            GENDER          CHAR(2),
            SALARY          REAL NOT NULL);''')
    print ("数据表成功创建")
    conn.commit()
    conn.close()
```

在以上代码中，用 connect()方法建立与 test.db 的链接，通过 cursor()方法创建游标对象 curs，并执行创建 xinxi 数据表的语句。

运行结果如图 4-15 所示。

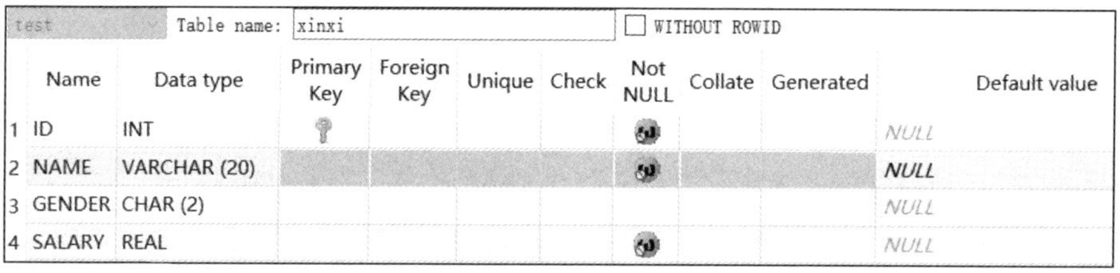

	Name	Data type	Primary Key	Foreign Key	Unique	Check	Not NULL	Collate	Generated	Default value
1	ID	INT	🔑				●			NULL
2	NAME	VARCHAR (20)					●			NULL
3	GENDER	CHAR (2)								NULL
4	SALARY	REAL					●			NULL

图 4-15　运行结果

4.4.2　数据表的基本操作

1. 插入

利用 connect()方法创建 conn 对象，建立与数据库 test.db 的链接，通过 cursor()方法建立游标对象 curs，调用 execute()方法来执行 SQL 插入语句，共插入 4 条语句。

示例代码如下：

```
    import sqlite3
    conn=sqlite3.connect('test.db')
    curs=conn.cursor()
    print ("数据库连接成功")
    curs.execute("INSERT INTO xinxi (ID,NAME,GENDER,SALARY) VALUES (1,
'Emily','男',4500.00)")
    curs.execute("INSERT INTO xinxi (ID,NAME,GENDER,SALARY) VALUES (2,
'Deni','女',5000.00)")
    curs.execute("INSERT INTO xinxi (ID,NAME,GENDER,SALARY) VALUES (3,
'Nancy','男',6500.00)")
    curs.execute("INSERT INTO xinxi (ID,NAME,GENDER,SALARY) VALUES (4,
'Mark','男',6000.00)")
    conn.commit()
    print ("数据插入成功")
    conn.close()
```

运行结果如图 4-16 所示。

ID	NAME	GENDER	SALARY
1	Emily	男	4500
2	Deni	女	5000
3	Nancy	男	6500
4	Mark	男	6000

图 4-16　运行结果

2. 修改

利用 curs 对象调用方法 execute()来执行 SQL 修改语句，修改 NAME='Nancy'的工资为 8000.00。

示例代码如下：

```
import sqlite3
conn=sqlite3.connect('test.db')
curs=conn.cursor()
print ("数据库连接成功")
curs.execute("UPDATE xinxi set SALARY=8000.00 where NAME='Nancy'")
conn.commit()
print("Total number of rows updated :",conn.total_changes)
print ("数据修改成功")
conn.close()
```

运行结果如图 4-17 所示。

ID	NAME	GENDER	SALARY
1	Emily	男	4500
2	Deni	女	5000
3	Nancy	男	6500
4	Mark	男	6000

```
C:\Users\dell\PycharmProjects\python
数据库连接成功
Total number of rows updated : 1
```

图 4-17　运行结果

3. 删除

利用 curs 对象调用方法 execute()来执行 SQL 删除语句，删除 NAME='Mark'的员工信息。

示例代码如下：

```
import sqlite3
conn=sqlite3.connect('test.db')
curs=conn.cursor()
print ("数据库连接成功")
curs.execute("DELETE from xinxi where NAME='Mark';")
conn.commit()
print ("数据操作成功")
conn.close()
```

运行结果如图 4-18 所示。

ID	NAME	GENDER	SALARY
1	Emily	男	4500
2	Deni	女	5000
3	Nancy	男	8000

```
C:\Users\dell\PycharmProjects\python
数据库连接成功
Total number of rows updated : 1
```

图 4-18　运行结果

4. 查找

利用 curs 对象调用方法 execute()来执行 SQL 查找语句，对 GENDER 进行分组，利用聚合函数分别统计分组后男、女员工的工资总和，并用 for 循环输出查询结果。

示例代码如下：

```
import sqlite3
conn=sqlite3.connect('test.db')
curs=conn.cursor()
print ("数据库连接成功")
cur=curs.execute("SELECT  GENDER,sum(SALARY)  sum_SALARY   from  xinxi group by GENDER")
for row in cur:
    print("GENDER=",row[0])
    print("sum_SALARY=",row[1])
print ("数据操作成功")
conn.close()
```

运行结果如图 4-19 所示。

```
C:\Users\dell\PycharmProjects
数据库连接成功
GENDER =  女
sum_SALARY =  5000.0
GENDER =  男
sum_SALARY =  12500.0
数据操作成功
```

图 4-19　运行结果

4.5　小结

本章主要讲解了什么是数据库，SQLite 数据类型，对 SQLite 数据表的插入、修改、删除、查找等基本操作，利用 SQLite3 编程创建 SQLite 数据表，通过编程的方法实现对 SQLite 数据库的基本操作。针对 SQLite 数据库的编程内容，能够通过 SQLite 工具创建数据库、创建数据表，熟悉 SQL 命令的基本操作语法格式，并能够灵活运用。理解 SQLite3 的编程思路，能够通过编程的方式调用 SQL 命令并执行。

习题 4

1．写出 SQLite3 增加、删除、修改、查找记录的语句结构。

2．写出 SQLite3 编程与数据库建立连接的语法结构。

3．简述 cursor 对象的特点。

4．写出利用 SQLite3 编程执行数据库语句的语法结构。

5．已知数据表 ceshi 的内容如图 4-20 所示。

s_id	s_name	s_gender	s_age	s_address
1001	张三	女	20	广东 佛山
1002	李四	女	19	广东 中山
1003	王五	男	22	广西 桂林

图 4-20　数据表 ceshi 的内容

（1）通过 SQLite3 编程创建数据表 ceshi 的结构。

（2）插入记录：1004，Demo，男，20，广东 佛山。

（3）输出数据表 ceshi 中的内容。

第 5 章 图形界面设计

图形界面编程是 Python 编程语言的重要组成部分。通过利用图形界面编程的方式能够让用户更容易地体验人机交互，便于用户操作。目前，常用的 Python 图形界面编程工具模块有 tkinter、Kivy、WxPython 等。本章主要介绍 tkinter 图形界面工具，该工具属于 Python 的内置库，无须下载，并且支持多种平台的应用，简单易学。

5.1 初识 tkinter

对于当前流行的图形界面程序，用鼠标操作菜单、组件等方式即可实现人机交互。关于 tkinter 图形界面编程，我们需要理解容器、组件两个概念，容器相当于一个仓库，可以存放组件、容器，是程序的图形窗口；组件是指窗口中的控件，如按钮、标签、文本框等。用户操作控件可以触发事件而产生行为。

示例代码如下：

```
    import tkinter
    window=tkinter.Tk()
    window.title('My Window')
    window.geometry('300*100')
    label1=tkinter.Label(window,text='第一个 tkinter',fg='black',width=20,
height=2)
    label1.pack()
    window.mainloop()
```

在以上代码中，生成图形界面对象 window，用 title()方法为界面命名，用 geometry()方法定义界面的长和宽，用 tkinter.Label()方法生成一个标签对象，用 pack()方法放置标签，用 mainloop()方法显示界面，在生成标签对象时，需要用到 text、fg、width、height 属性定义标签。

运行结果如图 5-1 所示。

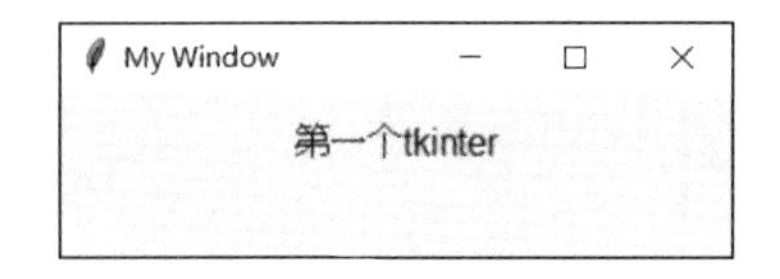

图 5-1 运行结果

5.2　布局管理器

5.2.1　pack 布局

pack 以块的形式对组件进行布局，可以指定组件以某种方式放在容器中，常用在容器中的边界位置。pack 布局的常用参数如表 5-1 所示。

表 5-1　pack 布局的常用参数

参数	描述
side	用于设置组件的位置，取值为 top、left、bottom、right
fill	用于设置组件的填充方向，取值为 x、y、both
anchor	用于设置组件的位置，取值为 n、s、w、e、ns 等
pax、pay	用于设置组件外部的预留空白

示例代码如下：

```
import tkinter
window=tkinter.Tk()
window.title('My Window')
window.geometry('300*150')
tkinter.Label(window,text='top').pack(side='top')
tkinter.Label(window,text='bottom').pack(side='bottom')
tkinter.Label(window,text='left').pack(side='left')
tkinter.Label(window,text='right').pack(side='right')
window.mainloop()
```

在以上代码中，实例化 4 个 Label 对象，利用 side 参数指定控件位置。

运行结果如图 5-2 所示。

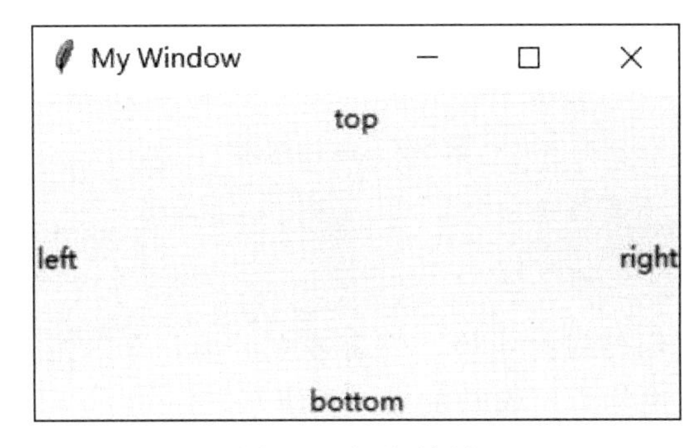

图 5-2　运行结果

5.2.2　place 布局

place 以坐标的形式对组件进行定位，能够准确为组件指定位置。place 布局的常用参数如表 5-2 所示。

表 5-2　place 布局的常用参数

参数	描述
x、y	用坐标的方式指定组件位置
height、width	定义组件的高和宽
relx、rely	根据容器的宽高比例指定组件的位置

示例代码如下：

```
import tkinter
window=tkinter.Tk()
window.title('My Window')
window.geometry("300*150")
label1=tkinter.Label(window,text="label1")
label2=tkinter.Label(window,text="label2")
label3=tkinter.Label(window,text="label3")
label1.place(x=0,y=0)
label2.place(x=50,y=50)
label3.place(x=100,y=100)
window.mainloop()
```

在以上代码中，实例化三个对象，分别为 label1、label2、label3，并以坐标的形式为三个标签指定位置。

运行结果如图 5-3 所示。

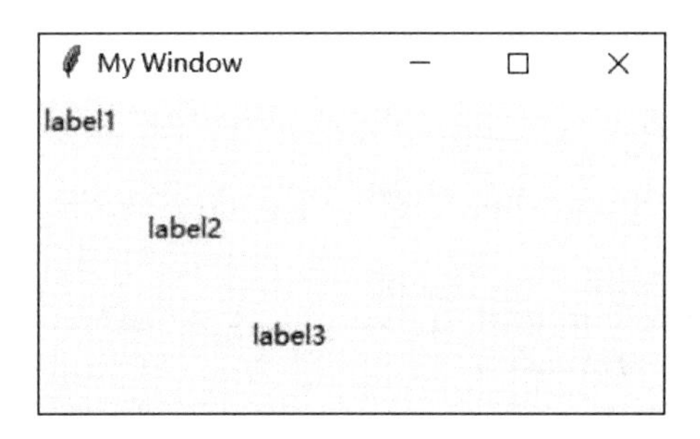

图 5-3　运行结果

5.2.3　grid 布局

grid 以网格的形式对组件进行定位，将容器划分为一个二维表，根据行、列指定组件在容器中的位置。grid 布局的常用参数如表 5-3 所示。

表 5-3　grid 布局的常用参数

参数	描述
row、column	用于指定容器的行、列放置
rowspan、columnspan	用于指定组件跨行或跨列

示例代码如下：

```
import tkinter
window=tkinter.Tk()
window.title('My Window')
window.geometry('300*200')
for i in range(3):
    for j in range(3):
        label=tkinter.Label(window,text=("label",i,j))
        label.grid(row=i,column=j,padx=10,pady=10,ipadx=10,ipady=10)
window.mainloop()
```

在以上代码中，通过两层嵌套的 for 循环实例化 label 对象，并以第一层循环变量为行，第二层循环变量为列，通过 grid 布局指定组件的位置。

运行结果如图 5-4 所示。

图 5-4　运行结果

5.3　常用组件

在设计 tkinter 图形界面时会常用到一些组件，如按钮、标签、文本框等。常用组件如表 5-4 所示。

表 5-4　常用组件

组件	名称	描述
Button	按钮	用于响应单击触发行为
Label	标签	用于显示单行文本
Entry	输入框	用于输入、显示文本
Listbox	列表框	用于显示列表信息
Radiobutton	单选按钮	每次仅能从按钮组中选择一项
Checkbutton	复选框	每次可以选择 0 个或多个选项
Text	文本框	用于编辑、显示多行文本
Scale	滑块	拖动鼠标以改变值
Canvas	画布	用于绘制图形
Frame	框架	用于组件分组
Menu	菜单	用于生成菜单

在窗口中添加组件后，需要根据用户需求完善组件，这时要用到属性。通过属性定义组件的外观或为组件赋予特性，通用属性如表 5-5 所示。

表 5-5　通用属性

属性	描述
text	用于设置显示的文本
bg、fg	用于设置前景颜色、背景颜色
width、height	用于设置宽、高
font	用于设置字体
padx、pady	用于设置组件内的留白

5.3.1　Button

Button 为按钮，用户通过对按钮的单击触发行为来实现人机交互。

示例代码如下：

```
from tkinter import *
def btn():
    button1=Button(window,text='background',bg='black',width=10,
height=1,state=DISABLED)
    button2=Button(window,text='foreground',fg='red',width=10,
height=2)
    button3=Button(window,text='foreground',fg='blue',width=10,
height=3)
    button1.pack()
    button2.pack()
    button3.pack()
    window.mainloop()
window=Tk()
window.title("My Window")
window.geometry("300*150")
window.resizable(False,False)
btn()
```

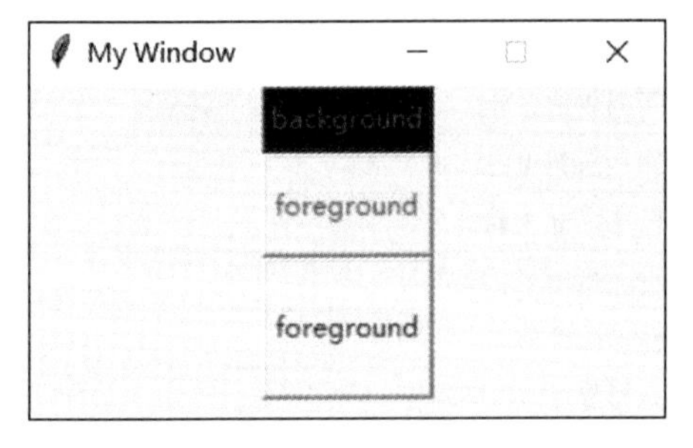

图 5-5　运行结果

在以上代码中，实例化三个按钮对象，分别为 button1、button2、button3，并用 text 设置按钮的显示文本，用 bg、fg 设置前景、背景颜色，用 width、height 设置宽、高，通过 pack 布局将三个按钮放置在主窗体中。

运行结果如图 5-5 所示。

5.3.2　Label

Label 为标签，用于显示提示信息、文字或图片，它还可以对某些组件的作用进行说明。

示例代码如下：

```
import tkinter
window=tkinter.Tk()
window.title("My Window")
window.geometry("300*100")
label1=tkinter.Label(window,
                    text="who are you",
                    bg="pink",fg="blue",
                    font=("宋体",15),
                    width=30,
                    height=10,
                    wraplength=100,
                    justify="right",
                    anchor="w")
label1.pack()
window.mainloop()
```

在以上代码中，实例化一个标签对象 label1，参数 text 的内容为“who are you”；font 用于设置字体；anchor 值为“w”，表示靠容器左边框显示；justify 值为“right”，表示文字换行后右对齐；wraplength 用于定义标签内容为多长时进行换行。

运行结果如图 5-6 所示。

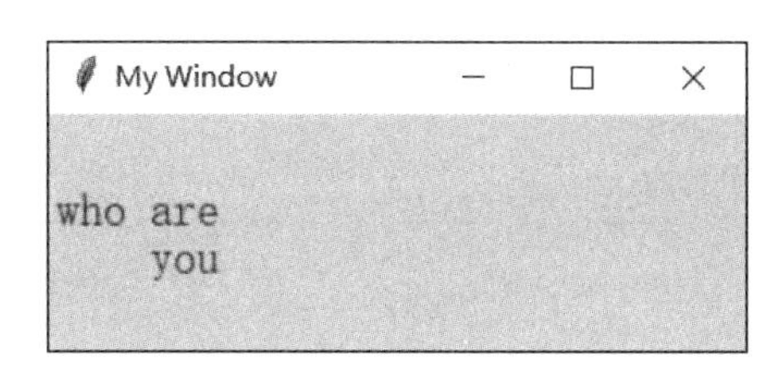

图 5-6　运行结果

5.3.3　Entry

Entry 为输入框，用于接收键盘输入的文字或数字等，用于数字计算、字符比较等。

示例代码如下：

```
import tkinter
window=tkinter.Tk()
window.title("My Window")
window.geometry("260*90")
label1=tkinter.Label(window,text="请输入数字 1 ： ",width=15)
label2=tkinter.Label(window,text="请输入数字 2 ： ",width=15)
label1.grid(row=0,column=0)
label2.grid(row=1,column=0)
entry1=tkinter.Entry(window,width=20)
entry2=tkinter.Entry(window,width=20)
```

```
    entry1.grid(row=0,column=1)
    entry2.grid(row=1,column=1)
    window.mainloop()
```

在以上代码中，实例化两个标签对象，分别为 label1、label2，并以网格布局的样式存放这两个标签，text 属性值分别是“请输入数字 1：”“请输入数字 2：”，分别放在第 1 行的第 0 列和第 1 列，实例化两个单行文本对象“entry1”“entry2”，两者宽度均为 20。

运行结果如图 5-7 所示。

图 5-7　运行结果

5.3.4　Listbox

Listbox 为列表框，用于表示具有多种选项的组件，可以有一个或多个列表项。

示例代码如下：

```
    import tkinter
    window=tkinter.Tk()
    window.title("My Window")
    window.geometry("260*180")
    listbox1=tkinter.Listbox(window,height=4,font=("宋体",10))
    Label 1 tkinter.Label(window,text='单选：你的性别')
    Label 1.pack()
    for item in ['男','女']:
        listbox1.insert(tkinter.END,item)
    listbox1.pack()
    listbox2=tkinter.Listbox(window,selectmode=tkinter.MULTIPLE,height=
4,font=("宋体",10))
    Label 2 tkinter.Label(window,text='多选：请选择你喜欢的球类')
    Label 2.pack()
    for item in ['足球','篮球','羽毛球','排球','网球']:
        listbox2.insert(tkinter.END,item)
    listbox2.pack()
    window.mainloop()
```

在以上代码中，有两个标签对象，即 Label 1 和 Label 2，用于提示列表框的用途，使用户一目了然。实例化两个列表框对象“listbox1”和“listbox2”，通过 for 循环的方式用 insert()方法给列表框添加选项，其中将 listbox2 的选择模式设置为 tkinter.MULTIPLE，表示一次可以选择多个列表项。

运行结果如图 5-8 所示。

图 5-8　运行结果

5.3.5　Radiobutton

Radiobutton 为单选按钮组，按钮组中的多个按钮间是互斥的，故每次只可以选择一个按钮。

示例代码如下：

```
        from tkinter import *
        def select():
            selection="您选择的是第 %d 项！"%(radio.get())
            label.config(text=selection)
        window=Tk()
        window.title("My Window")
        window.geometry("300*130")
        radio=IntVar()
        label1=Label(text="请选择一门您擅长的语言:")
        label1.pack()
        rdb1=Radiobutton(window,text="Python",variable=radio,value=1,command
=select)
        rdb1.pack(anchor=W)
        rdb2=Radiobutton(window,text="C++",variable=radio,value=2,
command=select)
        rdb2.pack(anchor=W)
        rdb3=Radiobutton(window,text="Java",variable=radio,value=3,
command=select)
        rdb3.pack(anchor=W)
        label=Label(window)
        label.pack()
        window.mainloop()
```

在以上代码中，实例化两个标签对象 label、label1，label 用于显示单选按钮的选择结果，label1 是一个操作提示。实例化三个单选按钮对象 rdb1、rdb2、rdb3，并通过 select() 方法改变 label 的 text 属性值。

运行结果如图 5-9 所示。

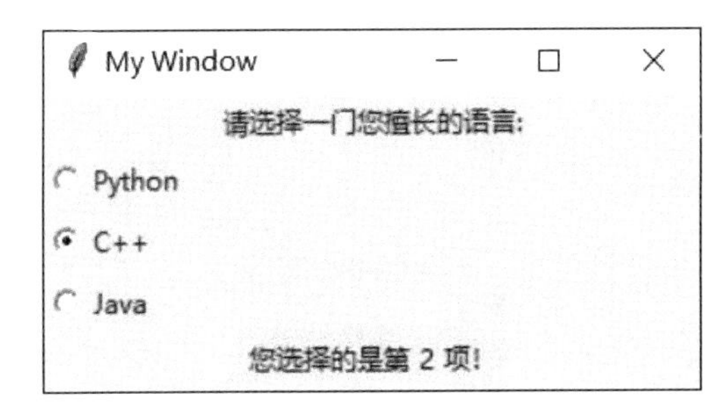

图 5-9　运行结果

5.3.6　Checkbutton

Checkbutton 为复选框，可以选择零个或多个选项，当出现☑时，表示该选项被选中。示例代码如下：

```
from tkinter import *
def select():
    if(checkVar1.get()==0 and checkVar2.get()==0 and checkVar3.get()==0
and checkVar4.get()==0):
        s='您还没选择任何喜欢的运动！'
    else:
        s1="足球" if checkVar1.get()==1 else ""
        s2="篮球" if checkVar2.get()==1 else ""
        s3="乒乓球" if checkVar3.get()==1 else ""
        s4="羽毛球" if checkVar4.get()==1 else ""
        s="您选择了：%s %s %s %s" % (s1,s2,s3,s4)
    label2.config(text=s)
window=Tk()
window.title("My Window")
window.geometry("260*180")
label1=Label(window,text='请选择您喜欢的运动')
label1.pack()
checkVar1=IntVar()
checkVar2=IntVar()
checkVar3=IntVar()
checkVar4=IntVar()
checkbutton1=Checkbutton(window,text='足球',variable=checkVar1)
checkbutton2=Checkbutton(window,text='篮球',variable=checkVar2)
checkbutton3=Checkbutton(window,text='乒乓球',variable=checkVar3)
checkbutton4=Checkbutton(window,text='羽毛球',variable=checkVar4)
checkbutton1.pack(anchor=W)
checkbutton2.pack(anchor=W)
checkbutton3.pack(anchor=W)
```

```
checkbutton4.pack(anchor=W)
button1=Button(window,text="确定",command=select,width=15)
button1.pack()
label2=Label(window,text='')
label2.pack()
window.mainloop()
```

在以上代码中，实例化两个标签对象 label1、label2，label1 用于操作提示，label2 用于显示选择了哪些选项，实例化 4 个复选框对象 checkbutton1、checkbutton2、checkbutton3、checkbutton4，每个复选框各表示一个球类项目。

运行结果如图 5-10 所示。

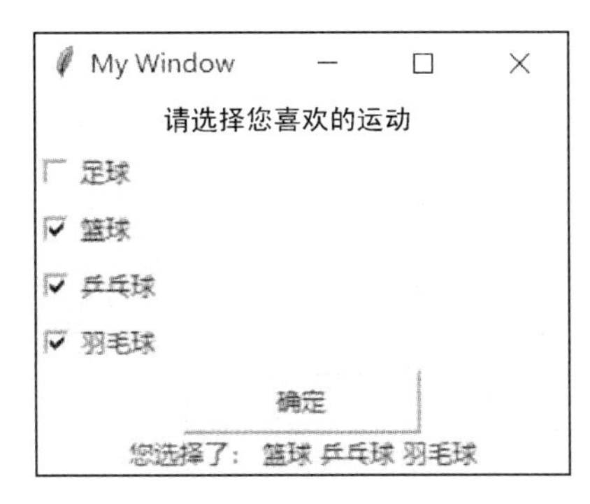

图 5-10　运行结果

5.3.7　Scale

Scale 为滑块，用拖动滑块的方式调节数值大小。

示例代码如下：

```
from tkinter  import  *
def show(event):
    s='滑块的取值为'+str(var.get())
    label1.config(text=s)
window=Tk()
window.title('My Window')
window.geometry('260*120')
var=DoubleVar()
scale1=Scale(window,orient=HORIZONTAL,length=200,from_=1.0,to=5.0,
label='请拖动滑块',tickinterval=1,resolution=0.01,variable=var)
scale1.bind('<ButtonRelease-1>',show)
scale1.pack()
label1=Label(window)
label1.pack()
window.mainloop()
```

在以上代码中，实例化一个标签对象 label1，用来显示当前滑块的值；实例化一个滑块对象 scale1；参数 from_和 to 分别用于定义取值的初值及终值；参数 resolution 用于定义滑块的最小拖动精度；参数 label 用于定义滑块的文字提示。

运行结果如图 5-11 所示。

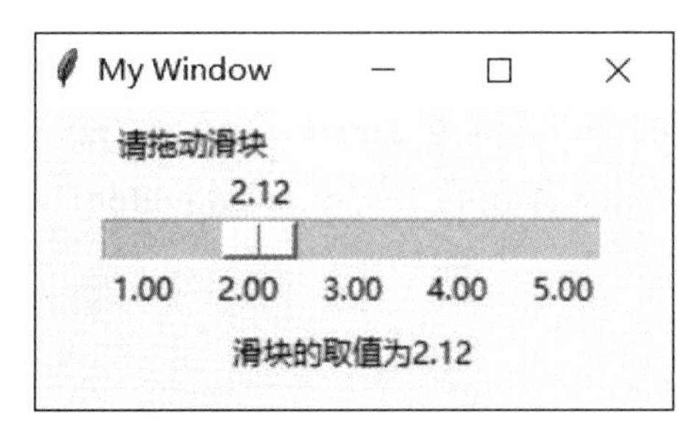

图 5-11 运行结果

5.3.8 Frame

Frame 为框架，用来存放组件。利用框架能够设计更加复杂的界面布局。

示例代码如下：

```
import tkinter
window=tkinter.Tk()
window.title('My Window')
window.geometry('390*120')
tkinter.Label(window,text='主窗口中的标签').pack()
frame=tkinter.Frame(window)
frame.pack()
frame_left=tkinter.Frame(frame,padx=30)
frame_right=tkinter.Frame(frame)
frame_left.pack(side='left')
frame_right.pack(side='right')
tkinter.Label(frame_left,text='左侧框架中的标签 1').pack()
tkinter.Label(frame_left,text='左侧框架中的标签 2').pack()
tkinter.Label(frame_left,text='左侧框架中的标签 3').pack()
tkinter.Label(frame_right,text='右侧框架中的标签 1').pack()
tkinter.Label(frame_right,text='右侧框架中的标签 2').pack()
tkinter.Label(frame_right,text='右侧框架中的标签 3').pack()
window.mainloop()
```

在以上代码中，创建两个框架 frame_left 和 frame_right，分别用来存放标签和创建 7 个标签，其中一个标签用于提示，即主窗口中的标签，该标签在主窗体中，对于其他 6 个标签，其中 3 个在 frame_left 框架中，另外 3 个在 frame_right 框架中。

运行结果如图 5-12 所示。

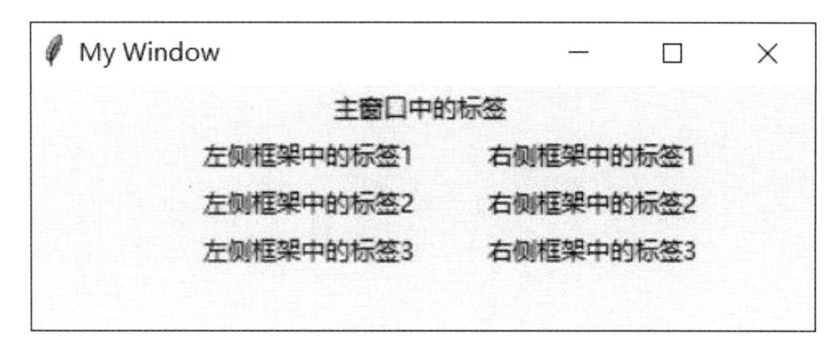

图 5-12　运行结果

5.3.9　Menu

Menu 为菜单，利用 Menu 可以实现菜单的创建，也是操作计算机应用程序常见的一种可视化窗口构建形式。

示例代码如下：

```
from tkinter import *
window=Tk()
window.title('My Window')
window.geometry('300*120')
menubar=Menu(window)
filemenu=Menu(menubar)
filemenu.add_command(label="新建")
filemenu.add_command(label="打开")
filemenu.add_command(label="保存")
filemenu.add_separator()
filemenu.add_command(label="退出")
menubar.add_cascade(label="文件",menu=filemenu)
editmenu=Menu(menubar,tearoff=False)
editmenu.add_command(label="剪切")
editmenu.add_command(label="复制")
editmenu.add_command(label="粘贴")
menubar.add_cascade(label="编辑",menu=editmenu)
window.config(menu=menubar)
window.mainloop()
```

在以上代码中，实例化一个菜单对象 menubar，用参数 add_cascade 为 menubar 添加两个子菜单，其 label 值分别为文件、编辑，并在文件菜单中添加新建、打开、保存三个菜单项，在编辑菜单中添加剪切、复制、粘贴三个菜单项，用方法 add_separator() 在“保存”与“退出”菜单项中添加分割线，当菜单中的参数 tearoff 为默认值时，可以拖动菜单。

运行结果如图 5-13 所示。

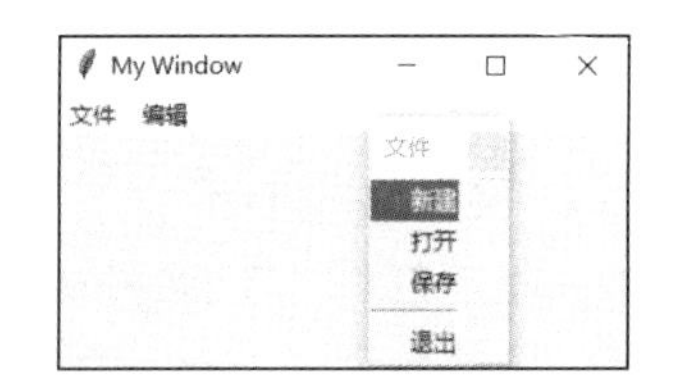

图 5-13　运行结果

5.4　事件处理

图形界面需要与用户进行交互，对用户操作的鼠标或输入的内容做出响应，这一过程是事件处理，对事件做出反应的方法称为事件处理函数。

5.4.1　command 参数

通过给某个控件定义 command 参数来实现事件处理，command 参数的值是完成某一行为的方法。

示例代码如下：

```
from tkinter import *
def clear():
    listbox1.delete(0,END)
def insert():
    if entry.get() != '':
        if listbox1.curselection()==():
            listbox1.insert(listbox1.size(),entry.get())
        else:
            listbox1.insert(listbox1.curselection(),entry.get())
def update():
    if entry.get() != '' and listbox1.curselection() != ():
        selected=listbox1.curselection()[0]
        listbox1.delete(selected)
        listbox1.insert(selected,entry.get())
def delete():
    if listbox1.curselection() != ():
        listbox1.delete(listbox1.curselection())
window=Tk()
window.title('My Window')
window.geometry('300*190')
frame1=Frame(window)
frame1.place(relx=0.0)
frame2=Frame(window)
frame2.place(relx=0.55)
listbox1=Listbox(frame1)
listbox1.pack()
```

```
    entry=Entry(frame2)
    entry.pack(pady=5)
    button2=Button(frame2,text='插入',command=insert)
    button2.pack(fill=X,pady=5)
    button3=Button(frame2,text='修改',command=update)
    button3.pack(fill=X,pady=5)
    button4=Button(frame2,text='删除',command=delete)
    button4.pack(fill=X,pady=5)
    button5=Button(frame2,text='清空',command=clear)
    button5.pack(fill=X)
    window.mainloop()
```

在以上代码中，实例化一个单行文本框对象 entry，用来接收键盘输入的内容；实例化一个列表框对象 listbox1，用来存放 entry 中的字符信息；实例化 4 个按钮对象 button2、button3、button4、button5，用来进行事件处理；实例化两个框架对象 frame1、frame2，其中 frame1 中存放 frame1，frame2 中存放单行文本及按钮。另外，每个按钮都通过 command 参数与一个方法关联，并实现相应的功能。

运行结果如图 5-14 所示。

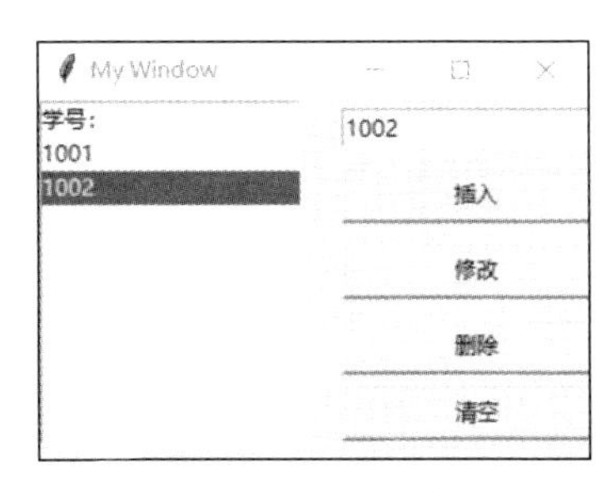

图 5-14　运行结果

5.4.2　bind()方法

通过事件处理机制的控件调用 bind()方法，可以将 bind()方法与某个方法建立关联，实现触发控件的行为。

示例代码如下：

```
    from tkinter.ttk import *
    from tkinter import *
    def calc(event):
            float1=float(entry1.get())
            float2=float(entry2.get())
            dic={0:float1+float2,1:float1-float2,2:float1*float2,3:
float1/float2}
            result=dic[combobox.current()]
            label1.config(text=str(result))
    root=Tk()
    root.title('My Window')
    root.geometry('320*200')
    entry1=Entry(root)
    entry1.place(relx=0.05,rely=0.1,relwidth=0.4,relheight=0.1)
    entry2=Entry(root)
    entry2.place(relx=0.5,rely=0.1,relwidth=0.4,relheight=0.1)
    var=StringVar()
```

```
combobox=Combobox(root,textvariable=var,values=['加','减','乘','除'])
combobox.place(relx=0.05,rely=0.3,relwidth=0.4)
combobox.bind('<<ComboboxSelected>>',calc)
label1=Label(root,text='运行结果！')
label1.place(relx=0.5,rely=0.3,relwidth=0.4,relheight=0.17)
root.mainloop()
```

在以上代码中，实例化两个单行文本框对象 entry1、entry2，用来输入参与计算的数字；实例化一个标签 entry1，用来存放计算结果；实例化一个组合框对象 combobox，用来存放四则运算符号；调用 bind()方法，用来与 calc 建立关联。

运行结果如图 5-15 所示。

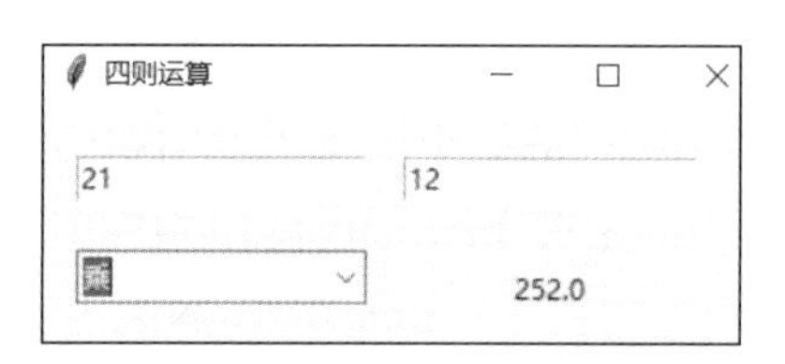

图 5-15　运行结果

5.5　小结

本章主要讲解了布局管理器、常用组件及其属性，以及实现事件处理的方式。深入理解 pack、place、grid 布局的特点及区别，熟练各布局的属性并实现布局管理。熟练应用常用组件，能够结合集合、循环的方式快速建立控件对象。掌握 command 参数、bind()方法，并实现事件编码。

习题 5

1．简述在 tkinter 编程中 pack、place、grid 布局管理器的区别。

2．简述至少 5 个 tkinter 组件的作用。

3．利用 tkinter 编程，实现事件处理的方法有哪些，它们之间的区别是什么？

4．利用 tkinter 实现如下窗口的设计。

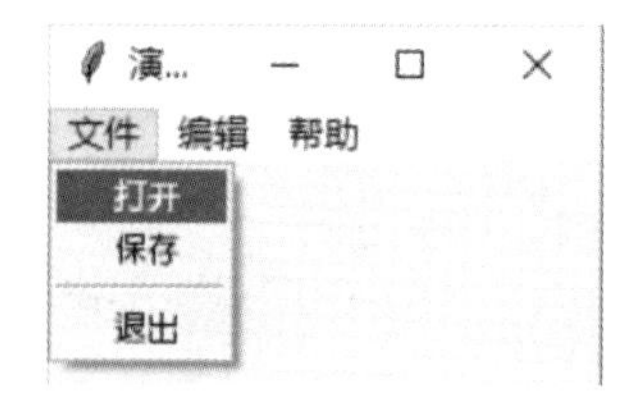

5．设计一个简单的计算器，要求能实现加、减、乘、除基本运算。

第 6 章

文件操作

随着现代信息技术的发展，每个人都会接触到文件，文件被广泛应用于计算机、手机、电视等电子类产品。文件类型多种多样，如文本、视频、音频等。通过编码的方式创建、打开、读/写文件等，这对于学习编程的用户来说是一种基本技能。

在此介绍两种文件格式：文本文件、二进制文件。文本文件对于经常使用计算机的人们来说并不陌生，其中记事本是创建文本文件的常用工具，文本文件的内容由字符组成，便于编码的读/写及处理，多种编码语言也可以用文本文件进行编辑和运行。二进制文件由 0、1 编码组成，常见的声音、视频等在电子产品中以二进制形式存储（如 bmp、avi 格式）的文件就是二进制文件。二进制文件与文本文件在编码中的主要区别是：二进制文件以字节方式处理，文本文件以字符形式处理。

6.1 文件的打开与关闭

6.1.1 打开

在操作文件时，需要先打开文件，打开文件是指将文件读取到内存，此时该文件被独占，期间其他程序或用户不能访问，否则会造成读取或操作错误，此时的文件就相当于临界资源，将要访问该文件的用户或程序属于进程，为了顺利访问且不出错，多个进程间需要遵守同步机制。

打开文件的语法格式如下：

```
open(参数)
```

打开文件的模式如表 6-1 所示。

表 6-1 打开文件的模式

模　式	描　述
b	以二进制模式打开文件
r	以只读模式打开文件
w	以写模式打开文件，若文件存在，则写入，删除原有内容；否则创建新文件
w+	以读/写模式打开文件，若文件存在，则写入，删除原有内容；否则创建新文件

续表

模　式	描　述
r+	以读/写模式打开文件，若文件不存在，则报错
a	以追加模式打开文件，将内容追加到原内容的尾部

示例代码如下：

```
file1=open("ceshi 1.1.txt","w")
print("文件名: ",file1.name)
print("是否已关闭 : ",file1.closed)
print("访问模式 : ",file1.mode)
```

在以上代码中，利用 open()方法以写模式（w）打开文件 ceshi 1.1.txt，若文件存在，则删除原有内容并打开文件；否则创建新文件。利用 print()方法输出关于文件的一些信息。

运行结果如图 6-1 所示。

```
C:\Users\dell\PycharmProjects
文件名:  ceshi 1.1.txt
是否已关闭 :  False
访问模式 :  w
```

图 6-1　运行结果

由运行结果可知，输出了打开文件的文件名，“是否已关闭”的结果为 False，说明该文件处于打开状态，访问模式为 w。

当然也可以以其他模式打开文件，示例代码如下：

```
file1=open("ceshi 1.1.txt","r+")
print("文件名: ",file1.name)
print("是否已关闭 : ",file1.closed)
print("访问模式 : ",file1.mode)
```

该段代码与上一段代码相比，只更改了文件打开的模式，以“r+”模式打开，若被打开文件不存在，则会报错。

运行结果如图 6-2 所示。

```
C:\Users\dell\PycharmProjects
文件名:  ceshi 1.1.txt
是否已关闭 :  False
访问模式 :  r+
```

图 6-2　运行结果

6.1.2　关闭

在操作计算机时，为了完成某项任务将某个文件打开，当不再使用该文件时，应立即将其关闭，这既是习惯，也是规则。在通过编写代码的方式打开文件后，同样需要关闭文件，关闭后的文件将从内存中释放，关闭动作会将缓冲区中的数据写入文件。

关闭文件的语法格式如下：

```
文件对象名.close()
```

示例代码如下：

```
file1=open("ceshi 1.1.txt","r+")
print("文件名: ",file1.name)
print("是否已关闭 : ",file1.closed)
print("访问模式 : ",file1.mode)
file1.close()
print("是否已关闭 : ",file1.closed)
```

在以上代码中，文件以“r+”模式打开，输出文件名、是否已关闭、访问模式信息后，使用 close()方法关闭文件。

运行结果如图 6-3 所示。

```
C:\Users\dell\PycharmProjects
文件名:  ceshi 1.1.txt
是否已关闭 :  False
访问模式 :  r+
是否已关闭 :  True
```

图 6-3　运行结果

由运行结果可知，在调用 close()方法后，“是否已关闭”的结果为 True，表示文件已关闭。

6.2　文件的读/写

6.2.1　文本文件的读/写

文件打开后，就可以对文件进行读/写操作了。

1. 文件的读取

读取文件有以下三种方法：

```
文件对象名.read()
文件对象名.readline()
文件对象名.readlines()
```

示例代码如下：

```
file1=open("ceshi 1.1.txt","r+",encoding='utf8')
str1=file1.read()
print("{}文件内容: \n{}".format(file1.name,str1))
file1.close()
```

在以上代码中，打开文件“ceshi 1.1.txt”，添加编码参数 encoding='utf8'，避免出现乱码现象。

运行结果如图 6-4 所示。

```
C:\Users\dell\PycharmProjects
ceshi 1.1.txt文件内容：
这是文件：ceshi 1.1
对该文件执行读操作

是否已关闭 ： True
```

图 6-4　运行结果

示例代码如下：

```
file1=open("ceshi 1.1.txt","r+",encoding='utf8')
str1=file1.readline()
print("readline 读取文件：")
while str1!="":
    print(str1,end="")
    str1=file1.readline()
file1.close()
```

在以上代码中，利用 readline()方法读取文件中的内容，按照每次读取一行的方式来读取文件，通过条件 str1!=""来判断读取是否结束，若没有结束，则继续读取。用 print 输出添加的参数 end=""，避免文件内容在输出时出现行间空行的情况。

运行结果如图 6-5 所示。

```
C:\Users\dell\PycharmProjects
readline读取文件：
这是文件：ceshi 1.1
对该文件执行读操作
```

图 6-5　运行结果

示例代码如下：

```
file1=open("ceshi 1.1.txt","r+",encoding='utf8')
str1=file1.readline()
print("readlines 读取文件：")
for read1 in str1:
    print(read1,end="")
file1.close()
```

运行结果如图 6-6 所示。

```
C:\Users\dell\PycharmProjects
readlines读取文件：
这是文件：ceshi 1.1
对该文件执行读操作
```

图 6-6　运行结果

2. 文件写入

写入文件的语法格式如下：

```
文件对象名.write()
文件对象名.writelines()
```

示例代码如下：

```
file1=open("ceshi 1.1.txt","a+",encoding='utf8')
file1.write("执行 write 操作! \n")
file1.flush()
file1.close()
```

在以上代码中，利用追加模式打开文件“ceshi 1.1.txt”，通过 write()方法追加写入“执行 write 操作！”。

运行结果如图 6-7 所示。

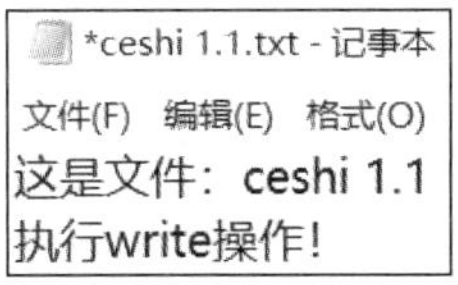

```
*ceshi 1.1.txt - 记事本
文件(F)  编辑(E)  格式(O)
这是文件：ceshi 1.1
执行write操作！
```

图 6-7 运行结果

示例代码如下：

```
file1=open("ceshi 1.1.txt","a+",encoding='utf8')
list1=["网络应用技术 ","数据清洗 ","数据库系统原理与应用 "]
file1.write("\n")
file1.writelines(list1)
file1.close()
```

在以上代码中，生成一个序列对象 list1，先用 write()方法写入换行符，然后用 writelines()方法向文件“ceshi 1.1.txt”中写入 list1 序列。

运行结果如图 6-8 所示。

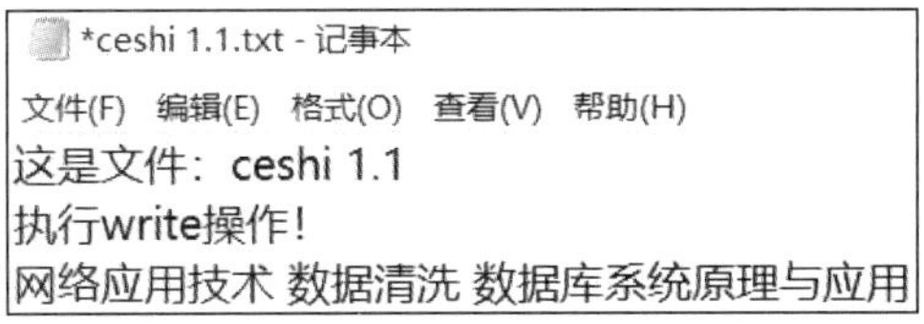

```
*ceshi 1.1.txt - 记事本
文件(F)  编辑(E)  格式(O)  查看(V)  帮助(H)
这是文件：ceshi 1.1
执行write操作！
网络应用技术 数据清洗 数据库系统原理与应用
```

图 6-8 运行结果

6.2.2 二进制文件的读/写

用户不能用文本编辑工具对二进制文件进行正常读/写，需要以序列化形式写入文件，并以反序列化形式读取文件。序列化是指先将对象转化为字节形式然后再对其进行存储；反序列化是指将字节内容重构成原来的对象。Python 序列化模块有 struct、pickle、marshal 等。下面以 pickle 为例讲解二进制文件的读取。

示例代码如下：

```
import pickle
int1=100
str1="Python 二进制读/写之序列化"
list1=[1001,1002,1003]
tup1=("张三","李四")
dic1={'id':'1001','name':'张三'}
data=[int1,str1,list1,tup1,dic1]
with open('sample_pickle.dat','wb') as file1:
    try:
        pickle.dump(len(data),file1)
        for item in data:
            pickle.dump(item,file1)
    except:
        print('写文件异常!')
with open('sample_pickle.dat','rb') as file1:
    num=pickle.load(file1)
    for i in range(num):
        load1=pickle.load(file1)
        print(load1)
file1.close()
```

在以上代码中，导入模块 pickle，定义变量 int1、str1、list1、tup1、dic1，利用 dump()方法对二进制文件进行序列化并在该文件中加入 file1 文件对象，通过 load()方法对二进制文件进行反序列化，并输出该文件中的内容。

运行结果如图 6-9 所示。

```
C:\Users\dell\PycharmProjects\python
100
Python二进制读/写之序列化
[1001, 1002, 1003]
('张三', '李四')
{'id': '1001', 'name': '张三'}

Process finished with exit code 0
```

图 6-9　运行结果

6.3　目录与文件

6.3.1　目录操作

目录在电子类产品中是组织文件的一种结构，针对目录的操作有创建、删除、重命名等，操作目录需要导入库 os。常见的目录操作方法如表 6-2 所示。

表 6-2　常见的目录操作方法

方　法	描　述
getcwd()	显示当前路径
listdir()	显示当前或指定目录下的所有文件及目录
remove()	删除指定文件
removedirs()	删除指定目录
rename()	对目录进行重命名
mkdir()	创建目录

示例代码如下：

```
import os
print(os.getcwd())
os.makedirs("娱乐/歌曲")
```

运行结果如图 6-10 所示。

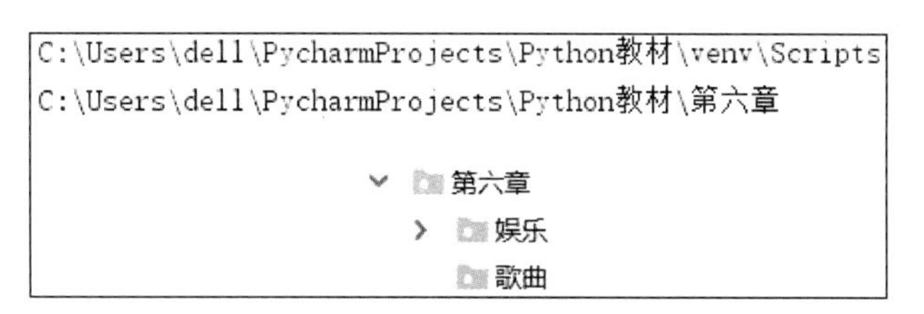

图 6-10　运行结果

6.3.2　文件操作

文件用于保存数据，针对文件的操作有添加、修改、查找、替换等。

查找文件“ceshi2.txt”（见图 6-11）中字符“hello”的个数。示例代码如下：

```
import re
file1=open('ceshi2.txt')
fileread=file1.read()
file1.close()
chz='hello'
number=len(re.findall(chz,fileread))
print (number)
```

在以上代码中，打开文件“ceshi2.txt”（见图 6-11），读取并生成文件对象 fileread，利用 findall()方法查找文件中含有字符“hello”的个数。

运行结果如图 6-12 所示。

```
*ceshi2.txt - 记事本
文件(F)  编辑(E)  格式(O)  查看(V)
hello C!
hello JAVA!
hello Python!
```

图 6-11　文件内容

```
C:\Users\dell
3
```

图 6-12　运行结果

查找文件“ceshi3.txt”中的字符“hello”，并将其替换为“hi”，将替换后的内容写入文件“ceshi4.txt”中，示例代码如下：

```
file1=open('ceshi3.txt')
file2=open('ceshi4.txt','r+')
for ts in file1.readlines():
    file2.write(ts.replace('hello','hi'))
file1.close()
file2.close()
```

在以上代码中，打开文件“ceshi3.txt”和“ceshi4.txt”，读取文件“ceshi3.txt”中的内容，并利用 replace()方法替换该文件中的字符“hello”。

运行结果如图 6-13 所示。

*ceshi4.txt - 记事本
文件(F) 编辑(E) 格式(O)
hi C!
hi JAVA!
hi Python!

图 6-13 运行结果

6.4 小结

本章主要讲解了文件的打开，打开文件的几种模式，关闭文件的作用，文本文件的几种读取方法，二进制文件的序列化，目录及文件的操作。学习完本章内容需要重点熟悉文件的打开模式，根据个人需要选取合适的文件打开模式，理解二进制文件的序列化。

习题 6

1．简述 r、w、r+、w+、a 的区别。

2．说明写入文件方法 write()、writelines()的作用。

3．举出至少 4 个有关目录的方法，并说明其作用。

4．利用编程实现在 D 盘中创建文件：D:\demo\lianxi\file1.txt，并向 file1.txt 中写入如下内容。

```
Hello, What is your name?
```

5．获取第 4 题中 file1.txt 中的文字信息，并将其写入文件 D:\demo\file2.txt 中。

第 7 章

猜　数　字

7.1　游戏介绍

猜数字（Bulls and Cows）游戏是一种古老的密码破译类小游戏，起源于 20 世纪中期，一般可由两人或者多人玩，也可以一个人和计算机玩。在本章中，利用 Python 语言实现一个猜数字游戏。该游戏的玩法是：当游戏开始后，计算机系统随机产生一个 1～20（包括 1 和 20）之间的目标数字，此时的目标数字是不显示在游戏界面上的。玩家在对应的文本框中输入猜测的数字后，系统将玩家猜测的数字与系统产生的目标数字进行比较。猜测的数字大于或者小于目标数字，系统都会自动给出提示。玩家根据提示进行多次猜测，最终确定目标数字，此时游戏结束。

猜数字游戏界面如图 7-1 所示。

图 7-1　猜数字游戏界面

本章的技能目标如下：

（1）学会使用 Python 内置库 tkinter。

（2）掌握循环语句、if 选择结构语句、random.randint 函数的使用方法。

7.2　设计思路

在设计猜数字游戏时，除了需要用到编程中的变量、循环、if 选择结构语句、

random.randint 函数等，还要运用 Python 内置库 tkinter。通过 tkinter 库实现游戏界面的设计，包括通过文本框获取玩家输入的数字，以及发送对话框中的内容等功能。

猜数字游戏主要功能图如图 7-2 所示。

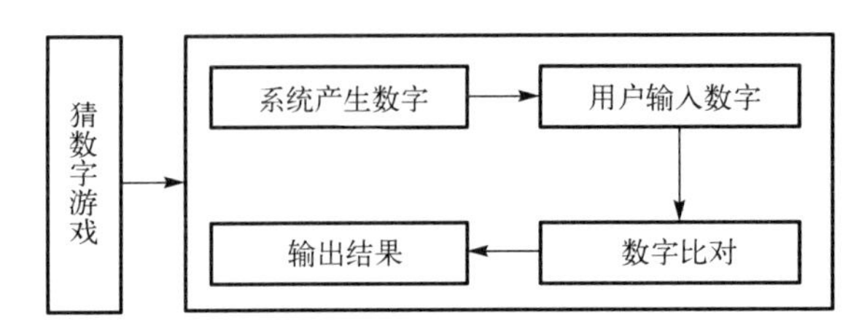

图 7-2 猜数字游戏主要功能图

设计猜数字游戏的具体思路如下：

（1）在程序中导入相关模块，包括 tkinter 和 random 模块。

（2）使用 tkinter 模块的核心组件组合设计游戏开始界面。

（3）使用 random.randint 函数随机产生目标数字。

（4）玩家在对应的文本框中输入自己的姓名后并单击“OK”按钮。

（5）系统调用 tkinter.messagebox.showinfo 函数并发送对应的提示对话框，提示玩家需要猜测的数字范围。

（6）玩家在对应的文本框中输入要猜的数字，单击“Check”按钮，检验猜数字是否正确。

（7）系统调用 check_num 函数，使用 if 语句比较玩家输入的数字和目标数字，比较结果包括过大、过小或者相等。

（8）系统调用 tkinter.messagebox.showinfo 函数发送对应的结果对话框，并显示比较的结果。

（9）若玩家所猜的数字与目标数字相等，则游戏结束；否则，玩家继续重复步骤（6），重新输入数字，系统继续检验，直至所猜的数字与目标数字相等，游戏结束。

7.3 关键技术

在本节中主要介绍 Python 内置库 tkinter 的使用。tkinter 库是基于 TCL/TK 开发的，在程序中直接使用命令 import tkinter 导入，即可使用 tkinter 库中的对象。下面对 tkinter 库进行详细介绍。

1. tkinter 库的核心组件

tkinter 库的核心组件如表 7-1 所示。

表 7-1 tkinter 库的核心组件

名　称	描　述
Button	按钮组件
Canvas	绘制图形组件，可以在其中绘制图形

续表

名　称	描　述
Checkbutton	复选框组件
Entry	文本框（单行）组件
Text	文本框（多行）组件
Frame	框架组件，将几个组件组成一组
Label	标签组件，可以显示文字或图片
Listbox	列表框组件
Menu	菜单组件
Menubutton	可以由 Menu 组件替代
Message	与 Label 组件类似，但是可以根据自身大小对文本进行换行
Radiobutton	单选按钮组件
Scale	滑块组件，允许通过滑块来设置某个数字的值
Scrollbar	滚动条组件，配合使用 Canvas、Entry、Listbox 和 Text 窗口部件的标准滚动条
Toplevel	用来创建子窗口的组件

2. 组件位置的管理，主要通过 pack、grid、place 函数进行设置

（1）pack 函数的常用参数选项如表 7-2 所示。

表 7-2　pack 函数的常用参数选项

参 数 名 称	描　述
After	将组件置于其他组件之后
Before	将组件置于其他组件之前
Anchor	组件的对齐方式，顶对齐为 n，底对齐为 s，左对齐为 w，右对齐为 e
Side	组件在主窗口中的位置，可以为 top、bottom、left、right（使用方法为 tkinter.top()，tkinter.left()）
Fill	填充方式（Y 为垂直，X 为水平，BOTH 为水平+垂直），即是否在某个方向填充窗口
Expand	1 为可扩展，0 为不可扩展

（2）利用 grid 函数通过管理行列的方法来管理组件的位置，grid 函数的常用参数选项如表 7-3 所示。

表 7-3　grid 函数的常用参数选项

参 数 名 称	描　述
Column	组件所在的列起始位置
Columnspan	组件的列宽，跨列数
Row	组件所在行的起始位置
Rowspan	组件的行宽，Rowspam=3 表示跨 3 行
Sticky	对齐方式为 n、s、e、w 分别为上、下、左、右
Padx、Pady	x 方向间距、y 方向间距（如 Padx=5）

（3）place 函数可以通过坐标来放置组件，place 函数的常用参数选项如表 7-4 所示。

表 7-4　place 函数的常用参数选项

参 数 名 称	描　　述
Anchor	组件的对齐方式，包括 n,ne,e,se,s,sw,w,nw,or center（'n'==N）
X	组件左上角的 x 坐标
Y	组件左上角的 y 坐标
Relx	组件左上角相对于窗口的 x 坐标，是 0～1 之间的小数；图形位置相对于窗口的变化
Rely	组件左上角相对于窗口的 y 坐标，是 0～1 之间的小数
Width	组件的宽度
Height	组件的高度
Relwidth	组件相对于窗口的宽度，是 0～1 之间的小数；图形宽度相对于窗口的变化
Relheight	组件相对于窗口的高度，是 0～1 之间的小数

3. 事件关联

（1）常见的鼠标键盘事件如表 7-5 所示。

表 7-5　常见的鼠标键盘事件

鼠标键盘事件	描　　述
Button-1	1 表示按下鼠标左键，2 表示按下鼠标中键，3 表示按下鼠标右键
ButtonPress-1	同上
ButtonRelease-1	释放鼠标左键
B1-Motion	按住鼠标左键移动
Double-Button-1	双击鼠标左键
Enter	鼠标指针进入某一组件区域
Leave	鼠标指针离开某一组件区域
MouseWheel	滚动滚轮
KeyPress-A	按下 A 键，A 键可用其他键替代
Alt-KeyPress-A	同时按下 Alt 键和 A 键；Alt 键可用 Ctrl 键和 Shift 键替代
Double-KeyPress-A	快速按两下 A 键
Lock-KeyPress-A	键盘在大写英文字母状态下，按下 A 键

（2）常见的窗口事件如表 7-6 所示。

表 7-6　常见的窗口事件

窗 口 事 件	描　　述
Activate	当组件由不可用转为可用时，触发
Configure	当组件大小改变时，触发
Deactivate	当组件由可用转变为不可用时，触发
Destroy	当组件被销毁时，触发
Expose	当组件从被遮挡状态中暴露出来时，触发
Unmap	当组件由显示状态变为隐藏状态时，触发
Map	当组件由隐藏状态变为显示状态时，触发
FocusIn	当组件获得焦点时，触发

续表

窗 口 事 件	描 述
FocusOut	当组件失去焦点时，触发
Property	当窗体的属性被删除或被改变时，触发
Visibility	当组件变为可视状态时，触发

4. 对话框

tkinter 模块中的 messagebox 提供了 8 种类型的对话框，这些对话框可以应用在不同场合。在使用对话框时，需要在程序开头输入以下代码：

```
from tkinter import messagebox
```

在设计本章猜数字游戏时用到了其中一种对话框——消息提示框，接下来对消息提示框进行介绍。

（1）消息提示框显示一般提示消息，语法格式如下：

```
showinfo (title,message,options)
```

（2）showinfo 函数的参数如表 7-7 所示。

表 7-7 showinfo 函数的参数

参数名称	描 述
Default	指定消息框按钮
Icon	指定消息框图标
Message	指定消息框显示的消息
Parent	指定消息框的父组件
Title	标题
Type	类型

（3）使用 showinfo 函数生成消息提示框，运行结果如图 7-3 所示。

图 7-3 运行结果

程序代码如下：

```
# 消息提示框
import tkinter
```

```
from tkinter import messagebox
def myMessage(): messagebox.showinfo("提示","提醒消息")
root=tkinter.Tk()
tkinter.Button(root,text="单击此",command=myMessage).pack()
root.mainloop()
```

7.4 游戏界面

7.4.1 界面设计

在设计猜数字游戏界面时，需要运用 tkinter 库的核心组件，包括 Label 标签组件、Entry 单行文本框组件、Button 按钮组件。猜数字游戏界面如图 7-4 所示。

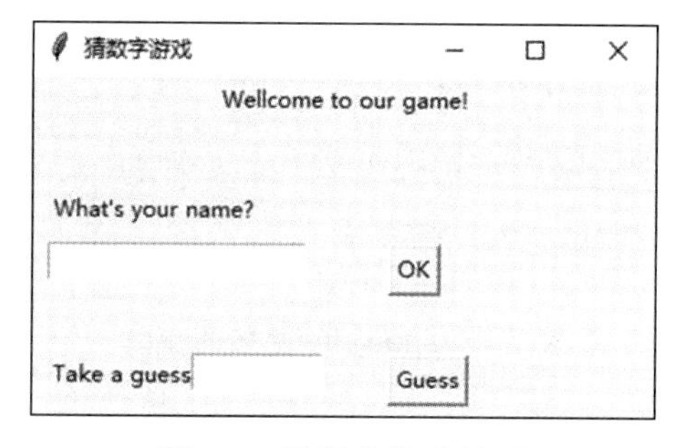

图 7-4 猜数字游戏界面

1. Label 标签组件

Label 标签组件用于指定窗口显示文本。猜数字游戏界面中共有三个标签组件，一个是 label 标签组件，用于显示游戏欢迎信息；另外两个标签组件用于显示提示玩家需要输入的信息，其中 label_name 标签用来提示玩家输入姓名，label_guess 标签用来提示玩家输入猜测的数字。采用本章 7.3 节提到的 Label.pack（pack）函数（见表 7-2）和 Label.place（place）函数（见表 7-4）对这三个标签组件的位置进行设置。

关键代码如下：

```
label=tkinter.Label(root,text ="Welcome to our game!")
label.pack()
label_name=tkinter.Label(root,text="What's your name?")
# x 表示组件左上角的 x 坐标，y 表示组件右上角的 y 坐标
label_name.place(x=10,y=60)
label_guess=tkinter.Label(root,text='Take a guess:')
label_guess.place(x=10,y=150)
```

2. Entry 单行文本框组件

Entry 单行文本框组件用于接收玩家输入的信息。猜数字游戏界面一共设置了两个文本框组件，一个 text_name 文本框用于接收玩家的姓名信息，另一个 text_guess 文本框用于接

收玩家猜测的数字信息。采用本章 7.3 节提到的 Entry.place（place）函数（见表 7-4）对这两个文本框组件的位置进行设置。

关键代码如下：

```
text_name=tkinter.Entry(root,width=20)
# x 表示组件左上角的 x 坐标，y 表示组件右上角的 y 坐标
text_name.place(x=10,y=90)
text_guess=tkinter.Entry(root,width=10)
text_guess.place(x=90,y=150)
```

3. Button 按钮组件

Button 按钮组件用于计算机系统和玩家的交互。猜数字游戏界面一共设置了两个 Button 按钮组件：一个是“OK”按钮，用于提交玩家姓名信息；另外一个是“Guess”按钮，用于提交玩家猜测数字的信息。采用本章 7.3 节提到的 Button.place（place）函数（见表 7-4）对两个按钮组件的位置进行设置。另外，“OK”按钮绑定 btn_confirm 函数，当玩家单击“OK”按钮时，系统会自动调用该函数，弹出提示对话框信息。“Guess”按钮绑定 check_num 函数，当玩家单击“Guess”按钮时，系统会自动调用该函数，弹出判断结果对话框信息。

关键代码如下：

```
#“OK”按钮绑定 btn_confirm 函数
btnOK=tkinter.Button(root,text="OK",command=btn_confirm)
btnOK.place(x=200,y=90,height=28)
#“Guess”按钮绑定 check_num 函数
btnCheck=tkinter.Button(root,text='Guess',command=check_num)
btnCheck.place(x=200,y=150,width=45,height=28)
```

7.4.2 判断框

检验玩家猜测的数字是否正确这一功能主要是通过 Button 按钮和 check_num 函数结合实现的。具体判断过程是：当玩家在文本框中输入猜测的数字后，单击“Guess”按钮，系统自动调用“Guess”按钮所绑定的 check_num 函数，执行 if 选择结构并进行判断，判断后会有三种不同结果：过大、过小或者相等。根据判断结果调用 tkinter.messagebox. showinfo 函数发送对应的对话框信息，以显示判断的结果。

关键代码如下：

```
#“Guess”按钮绑定 check_num 函数
btnCheck=tkinter.Button(root,text='Guess',command=check_num)
# 检验玩家猜测的数字
def check_num():
guess=text_guess.get()
guess=int(guess)
if guess>number:
    tkinter.messagebox.showinfo("height","Your guess is too
```

```
        height.")
        if guess<number:
            tkinter.messagebox.showinfo("low","Your guess is too low.")
        if guess==number:
            tkinter.messagebox.showinfo("good","Good job!")
```

7.4.3 对话框

利用 tkinter.messagebox.showinfo 函数发送对话框信息。在程序中，设置了两类对话框信息：一类是玩家在 text_name 文本框中输入自己的姓名信息后，单击“OK”按钮，系统会自动调用 btn_confirm 函数，发送提醒玩家输入相关范围内的数字的提示对话框；另外一类是玩家在 text_guess 文本框中输入数字后，单击“Guess”按钮，系统会自动调用 check_num 函数，检验玩家猜测的数字，系统再根据判断结果发送对应的结果对话框。

关键代码如下：

```
#“Guess”按钮绑定 check_num 函数
btnCheck=tkinter.Button(root,text='Guess',command=check_num)
# 发送提醒玩家输入相关范围内的数字的提示对话框
def btn_confirm():
    myName=text_name.get()
    tkinter.messagebox.showinfo("name",'Well,'+myName+',I am
  thinking  of a number between 1 and 20.')
# 发送判断后的结果对话框
def check_num():
    guess=text_guess.get()
    guess=int(guess)
    if guess>number:
        tkinter.messagebox.showinfo("height","Your guess is too
height.")
    if guess<number:
        tkinter.messagebox.showinfo("low","Your guess is too low.")
    if guess==number:
        tkinter.messagebox.showinfo("good","Good job!")
```

7.5 编程实现

（1）游戏环境准备。

设计猜数字游戏的开发环境如下：

① 开发工具：PyCharm Community Edition 2020.1.1 x64。

② 开发语言：Python 3.8.3。

（2）编译成功，进入猜数字游戏界面，如图 7-5 所示。

图 7-5　猜数字游戏界面

（3）玩家输入姓名后，单击“OK”按钮，系统发送提示玩家输入相关范围内的数字提示对话框，如图 7-6 所示。

（4）玩家在文本框中输入要猜测的数字后，单击“Guess”按钮，检验玩家猜测的数字是否正确，经对比判断会有三种不同结果的对话框，如图 7-7、图 7-8、图 7-9 所示。

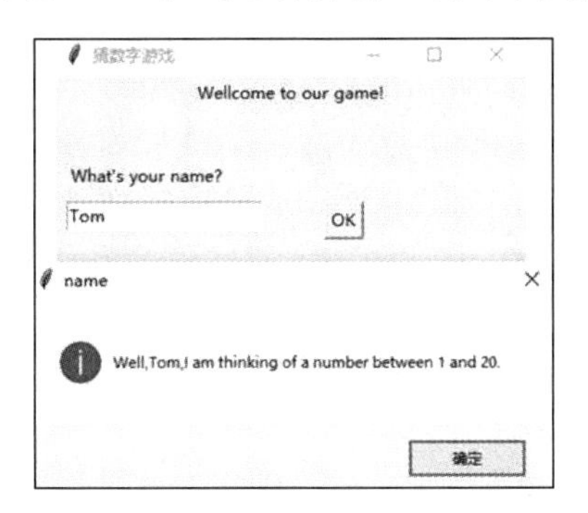

图 7-6　提示玩家输入相关范围内的数字提示对话框

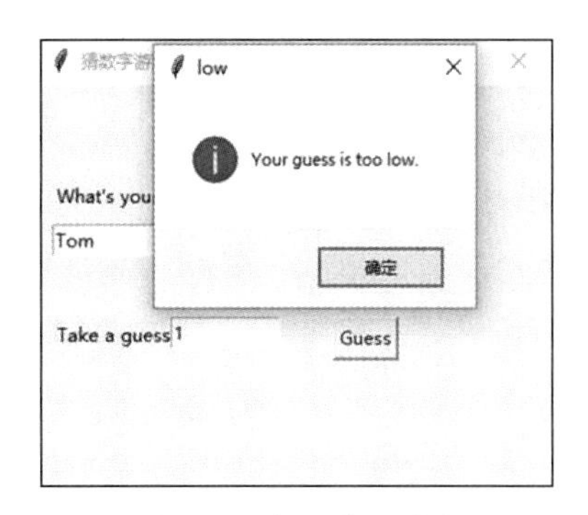

图 7-7　猜测结果过小

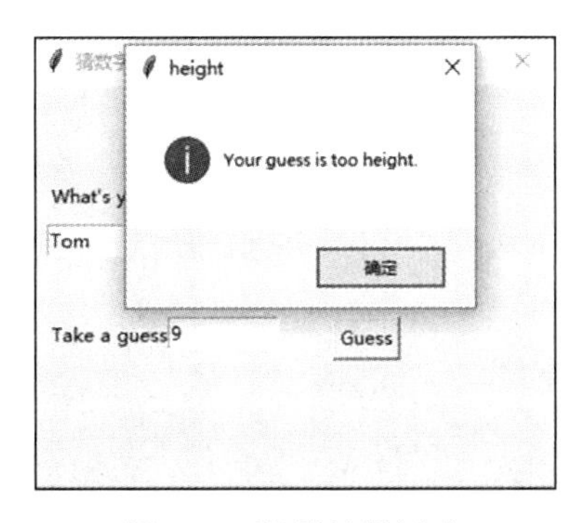

图 7-8　猜测结果过大

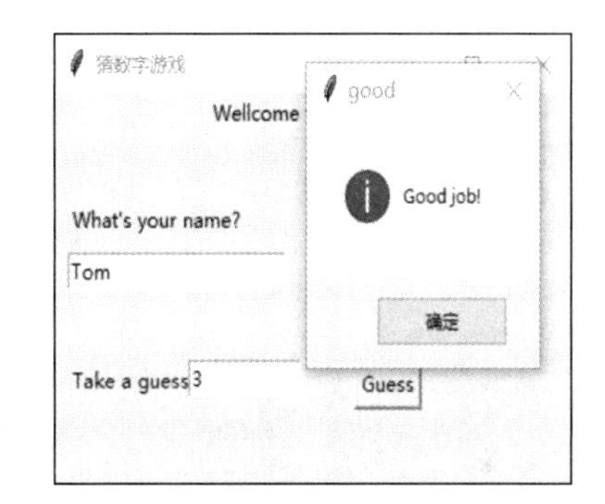

图 7-9　猜测结果相等

（5）游戏结束后，玩家可以选择关闭游戏，或者重新开始。

完整代码如下：

```
# !/usr/bin/env python3
import tkinter
import math
import tkinter.messagebox
import random
# 初始化游戏页面
root=tkinter.Tk()
root.minsize(350,260)
root.title('猜数字游戏')
number=random.randint(1,20)
def say_hello():
    print('hello,world!')
def send_low():
    tkinter.messagebox.showinfo("messagebox","Your guess is too
low.")
def check_num():
```

```
    guess=text_guess.get()
    guess=int(guess)
    # 发送判断结果的对话框
    if guess>number:
        tkinter.messagebox.showinfo("height","Your guess is too
height.")
    if guess<number:
        tkinter.messagebox.showinfo("low","Your guess is too
low.")
    if guess==number:
        tkinter.messagebox.showinfo("good","Good job!")
def btn_confirm():
    myName=text_name.get()
    # 发送提示玩家输入相关范围内的数字的对话框
    tkinter.messagebox.showinfo("name",'Well,'+myName+',I am
thinking of a number between 1 and 20.')
# name
label=tkinter.Label(root,text="Welcome to our game!")
label.pack()
label_name=tkinter.Label(root,text="What's your name?")
label_name.place(x=10,y=60)
text_name=tkinter.Entry(root,width=20)
text_name.place(x=10,y=90)
#“OK”按钮绑定 btn_confirm 函数
btnOK=tkinter.Button(root,text="OK",command=btn_confirm)
btnOK.place(x=200,y=90,height=28)
# input
label_guess=tkinter.Label(root,text='Take a guess:')
label_guess.place(x=10,y=150)
text_guess=tkinter.Entry(root,width=10)
text_guess.place(x=90,y=150)
#“Guess”按钮绑定 check_num 函数
btnCheck=tkinter.Button(root,text='Guess',command=check_num)
btnCheck.place(x=200,y=150,width=45,height=28)
root.mainloop()
```

7.6 小结

本章的主要内容是设计并实现猜数字游戏，需要掌握 random.randint 函数、变量赋值运算和 if 条件语句的使用。此外，还需要掌握使用 tkinter 库的三种核心组件（Label 标签、Entry 单行文本框和 Button 按钮）编写程序的方法。

第 8 章 飞船绕行星旋转

8.1 项目介绍

在本章中设计一个飞船绕行星旋转的项目，该项目涉及的知识点包括绘制行星、绘制飞船、飞船绕行星旋转。本章主要用到 gygame 库的 gygame.Surface 类和 pygame. image 类来加载和绘制位图。通过函数 gygame.display.set_mode()创建 screen 实例对象，其实该 screen 实例对象对应的是一个 Surface 类，在本章中会仔细讲解 Surface 类的相关知识点。

本章技能目标如下：

（1）学会使用 pygame 库中的函数加载和绘制位图的方法。

（2）学会编写飞船绕行星旋转的程序。

（3）学会编写窗口中简单显示飞船运行坐标的程序。

8.2 设计思路

使用 Python 中的一些函数与 pygame 库结合，令一艘飞船绕一个行星旋转，即飞船按照一定半径绕一个中心点旋转。这里需要注意的是，飞船运行的轨迹并未考虑加速度和引力。运行程序后，屏幕上会弹出一个以太空为背景的窗口，窗口正中央出现一艘飞船绕一个行星旋转，在窗口左上方会显示与这艘飞船运行轨迹相关的坐标。飞船绕行星旋转界面如图 8-1 所示。

图 8-1　飞船绕行星旋转界面

8.3 关键技术

8.3.1 位图的绘制

位图的绘制包括背景的绘制、行星的绘制和飞船的绘制。在绘制位图时，主要使用两个函数：pygame.image.load()和 screen.blit()，其中 pygame.image.load()用来加载位图，screen.blit()用于将设置好的图片输出到窗口的某个指定位置。

关键代码如下：

```
# load bitmaps
space=pygame.image.load("space.png").convert_alpha()
planet=pygame.image.load("planet2.png").convert_alpha()
ship=pygame.image.load("freelance.png").convert_alpha()
# draw background
screen.blit(space,(0,0))
# draw planet
width,height=planet.get_size()
screen.blit(planet,(400-width/2,300-height/2))
    # move the ship
    angle=wrap_angle(angle-0.1)
    pos.x=math.sin(math.radians(angle))*radius
    pos.y=math.cos(math.radians(angle))*radius
    # rotate the ship
    delta_x=(pos.x-old_pos.x)
    delta_y=(pos.y-old_pos.y)
    rangle=math.atan2(delta_y,delta_x)
    rangled=wrap_angle(-math.degrees(rangle))
    scratch_ship=pygame.transform.rotate(ship,rangled)
    # draw the ship
    width,height=scratch_ship.get_size()
    x=400+pos.x-width//2
    y=300+pos.y-height//2
    screen.blit(scratch_ship,(x,y))
```

8.3.2 旋转

在设计飞船绕行星旋转的项目中，核心思路是利用正弦函数和余弦函数计算轨道，让飞船绕着行星旋转，并且使飞船在绕着行星旋转的同时自转，以保持飞船正面总是指向其移动的方向。具体实现及代码在 8.5 节中具体讲解。

8.4 界面

8.4.1 绘制背景

因为绘制背景、行星和飞船都属于位图的绘制，所以放在一起讲解。绘制背景需要使用 Surface 对象中的一个名为 blit()函数，该函数的名称是“bit block transfer”的缩写，是一种把一块内存从一个位置复制到另外一个位置的绘制方法（在本游戏中，是把一块内存从系统内存复制到视频内存中）。此外在绘制背景过程中，需要将窗口的长和宽分别设置为 800 像素和 600 像素，以足够容纳位图的大小。绘制背景的效果图如图 8-2 所示。

图 8-2　绘制背景的效果图

关键代码如下：

```
import sys,random,math,pygame
from pygame.locals import *
# main program begins
pygame.init()
screen=pygame.display.set_mode((800,600))
pygame.display.set_caption("Orbit Demo")
# load bitmaps
space=pygame.image.load("space.png").convert_alpha()
# repeating loop
while True:
    for event in pygame.event.get():
        if event.type==QUIT:
            sys.exit()
    keys=pygame.key.get_pressed()
    if keys[K_ESCAPE]:
        sys.exit()
    # draw background
    screen.blit(space,(0,0))
    pygame.display.update()
```

8.4.2 行星

在绘制行星前，必须使用函数 pygame.image.load().convert_alpha()加载行星。在绘制行星的过程中，需要考虑行星的大小及如何设置行星的位置。行星的大小可以通过函数 Surface.get_width()和 Surface.get_height()进行设置。然后通过计算屏幕大小与行星大小之间的关系，使用函数 screen.blit()将行星的位置设置在窗口中央。绘制行星的效果图如图 8-3 所示。

图 8-3　绘制行星的效果图

关键代码如下：

```
import sys,random,math,pygame
from pygame.locals import *
# main program begins
pygame.init()
screen=pygame.display.set_mode((800,600))
pygame.display.set_caption("Orbit Demo")
# load bitmaps
space=pygame.image.load("space.png").convert_alpha()
planet=pygame.image.load("planet2.png").convert_alpha()
# repeating loop
while True:
    for event in pygame.event.get():
        if event.type==QUIT:
            sys.exit()
    keys=pygame.key.get_pressed()
    if keys[K_ESCAPE]:
        sys.exit()
    # draw background
    screen.blit(space,(0,0))
    # draw planet
    width,height=planet.get_size()
    screen.blit(planet,(400-width/2,300-height/2))
pygame.display.update()
```

8.4.3　飞船

绘制飞船的过程与绘制行星的过程相似，主要也是通过两个函数 pygame.image.load().convert_alpha()和 screen.blit()进行绘制。绘制飞船的效果图如图 8-4 所示。

图 8-4　绘制飞船的效果图

关键代码如下：

```
import sys,random,math,pygame
from pygame.locals import *
# main program begins
pygame.init()
screen=pygame.display.set_mode((800,600))
pygame.display.set_caption("Orbit Demo")
# load bitmaps
space=pygame.image.load("space.png").convert_alpha()
planet=pygame.image.load("planet2.png").convert_alpha()
ship=pygame.image.load("freelance.png").convert_alpha()
# repeating loop
while True:
    for event in pygame.event.get():
        if event.type==QUIT:
            sys.exit()
    keys=pygame.key.get_pressed()
    if keys[K_ESCAPE]:
        sys.exit()
    # draw background
    screen.blit(space,(0,0))
    # draw planet
    width,height=planet.get_size()
    screen.blit(planet,(400-width/2,300-height/2))
    screen.blit(ship,(0,-50))
    pygame.display.update()
```

8.5 编程实现

1. 环境准备

设计飞船绕行星旋转的开发环境如下：

（1）开发工具：PyCharm Community Edition 2020.1.1 x64，pygame 1.9.6。

（2）开发语言：Python 3.8.3。

2. 飞船绕行星旋转

首先绘制好所需的图像，然后设计飞船环绕行星旋转的过程。设计令飞船以某个半径绕着屏幕的任意某一点旋转。将该点设置在屏幕中央，然后令飞船以 radius（这里 radius = 250）为半径绕着它旋转。当然，当飞船绕着行星旋转时，需要考虑飞船的大小，且移动时以飞船图像为中心向前移动。这里用到了 Point 类，对成员变量及_str_()方法进行了重写，以便按照预先编码的格式输出数据，并显示到屏幕左上方。

关键代码如下：

```
import sys,random,math,pygame
from pygame.locals import *
# Point class
class Point(object):
    def __init__(self,x,y):
        self.__x=x
        self.__y=y
    # X property
    def getx(self): return self.__x
    def setx(self,x): self.__x=x
    x=property(getx,setx)
    # Y property
    def gety(self): return self.__y
    def sety(self,y): self.__y=y
    y=property(gety,sety)
    def __str__(self):
        return "{X:"+"{:.0f}".format(self.__x)+\
            ",Y:"+"{:.0f}".format(self.__y)+"}"
pos=Point(0,0)
old_pos=Point(0,0)
# move the ship
    angle=wrap_angle(angle-0.1)
    pos.x=math.sin(math.radians(angle))*radius
    pos.y=math.cos(math.radians(angle))*radius
```

在上述步骤中，已经实现了飞船绕行星旋转，但是还需要设计飞船的自转。主要分为三步：计算飞船自转的角度；存储飞船自转后的图像；实现飞船边自转边绕行星旋转。第一步，计算飞船自转的角度，需要使用函数 math.atan2()，该函数用两个参数计算反正切，这两个参数分别是 delta_y 和 delta_x，分别表示屏幕上的两个坐标的 X 和 Y 属性之间的不同。计算飞船自转角度的思路是：首先记录飞船前进时的方向。接着使用当前位置和最近位置调用 math.atan2()，然后给 math.atan2()返回的最终角度加 180°。也就是获取飞船前一时刻的位置的角度，并把飞船旋转到那个角度，然后再翻转 180°，这就是飞船朝向的方向。第二步需要用到 pygame.transform.rotate()来存储飞船自转后的图像。在第三步中，首先将 Surface.get_size()和 Surface.blit()两者结合实现飞船边自转边绕行星旋转，其中变量 old_pos.x 和 old_pos.y 用于记录飞船当前位置，while 循环用于实现飞船绕行星旋转。飞船边自转边绕行星旋转的效果图如图 8-5 所示。

图 8-5　飞船边自转边绕行星旋转的效果图

关键代码如下：

```
    # rotate the ship
      delta_x=(pos.x-old_pos.x)
      delta_y=(pos.y-old_pos.y)
      rangle=math.atan2(delta_y,delta_x)
      rangled=wrap_angle(-math.degrees(rangle))
      scratch_ship=pygame.transform.rotate(ship,rangled)
      # draw the ship
      width,height=scratch_ship.get_size()
      x=400+pos.x - width//2
      y=300+pos.y - height//2
      screen.blit(scratch_ship,(x,y))
      print_text(font,0,0,"Orbit: "+"{:.0f}".format(angle))
      print_text(font,0,20,"Rotation: "+"{:.2f}".format(rangle))
      print_text(font,0,40,"Position: "+str(pos))
      print_text(font,0,60,"Old Pos: "+str(old_pos))
        pygame.display.update()
```

```
    # remember position
    old_pos.x=pos.x
    old_pos.y=pos.y
```

3. 主函数

将所有模块函数编写完成后，通过一个主函数将所有功能函数串联在一起，再添加描述信息等，就可以完成整个飞船绕行星旋转的设计了。

关键代码如下：

```
# main program begins
pygame.init()
screen=pygame.display.set_mode((800,600))
pygame.display.set_caption("Orbit Demo")
font=pygame.font.Font(None,18)
# load bitmaps
space=pygame.image.load("space.png").convert_alpha()
planet=pygame.image.load("planet2.png").convert_alpha()
ship=pygame.image.load("freelance.png").convert_alpha()
width,height=ship.get_size()
ship=pygame.transform.smoothscale(ship,(width//2,height//2))
radius=250
angle=0.0
pos=Point(0,0)
old_pos=Point(0,0)
# repeating loop
while True:
    for event in pygame.event.get():
        if event.type==QUIT:
            sys.exit()
    keys=pygame.key.get_pressed()
    if keys[K_ESCAPE]:
        sys.exit()
    # draw background
    screen.blit(space,(0,0))
    # draw planet
    width,height=planet.get_size()
    screen.blit(planet,(400-width/2,300-height/2))
    # move the ship
    angle=wrap_angle(angle-0.1)
    pos.x=math.sin(math.radians(angle))*radius
    pos.y=math.cos(math.radians(angle))*radius
    # rotate the ship
    delta_x=(pos.x-old_pos.x)
    delta_y=(pos.y-old_pos.y)
```

```
rangle=math.atan2(delta_y,delta_x)
rangled=wrap_angle(-math.degrees(rangle))
scratch_ship=pygame.transform.rotate(ship,rangled)
# draw the ship
width,height=scratch_ship.get_size()
x=400+pos.x-width//2
y=300+pos.y-height//2
screen.blit(scratch_ship,(x,y))
print_text(font,0,0,"Orbit: "+"{:.0f}".format(angle))
print_text(font,0,20,"Rotation: "+"{:.2f}".format(rangle))
print_text(font,0,40,"Position: "+str(pos))
print_text(font,0,60,"Old Pos: "+str(old_pos))
pygame.display.update()
 # remember position
old_pos.x=pos.x
old_pos.y=pos.y
```

8.6　小结

在本章中设计了一个飞船绕行星旋转的项目，通过对该项目的设计与实现，使读者掌握绘制位图的基础知识，在学会如何绘制位图的同时还学会了使用 math 库中的一些函数，包括正弦函数、余弦函数和反正切函数来计算位图的坐标、大小。

第 9 章 连 连 看

9.1 游戏介绍

连连看游戏是一款益智类的桌面游戏，凭借着规则简单、容易上手等特点，渐渐成为一款适合大众的网络休闲小游戏。游戏的玩法是：玩家在有限时间内把能连接在一起的两个相同的方块找出来，每找出一对方块连在一起就可以消除掉，在一定时间内做相关联处理，消除掉所有的图案即可获得胜利。

连连看游戏界面如图 9-1 所示。

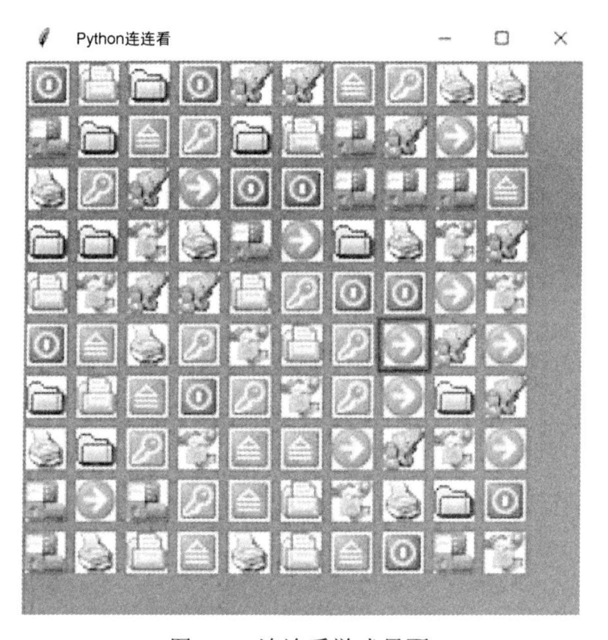

图 9-1 连连看游戏界面

本章的技能目标如下：

（1）学会通过编写程序实现连连看的游戏规则。

（2）掌握使用 Tinker 库中的 Canvas 对象绘制各种图形。

9.2 设计思路

在设计连连看游戏前，需要清楚游戏的规则。两个方块能消除的条件有以下两个：

（1）选中的两个方块的图案相同。

（2）选中的两个方块的图案的连接线的折点不能超过两个。

明确上面的游戏规则后，接下来明确程序的设计思路。

连连看游戏的主要功能流程图如图 9-2 所示。

连连看游戏
生成图案
随机打乱图案
实现连连看消图

图 9-2 连连看游戏的主要功能流程图

9.2.1 方块布局

方块布局的设计思路为：首先按顺序将所有的方块（用数字编号）存入列表 pictureMap 中，接着用函数 random.shuffle 打乱列表中方块的顺序，然后从列表 pictureMap 中将方块一一取出并放入 map 地图中。

在该游戏中共使用了 10 种不同的图案，并且每种图案都有 10 个，组成 10×10 的方阵。另外，对于方块是否消除可以使用一个标志 ID 进行标记，若 ID 的值为空，则说明此处的方块已经被消除了。

该游戏中用到的图案如图 9-3 所示。

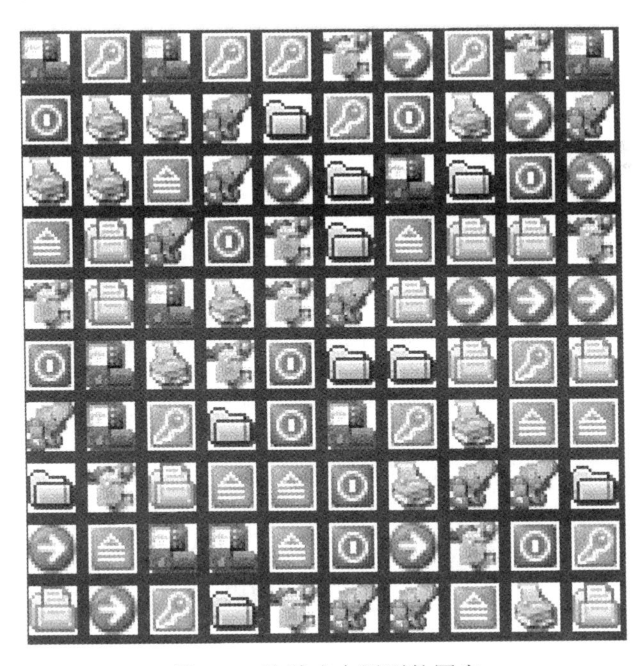

图 9-3 该游戏中用到的图案

关键代码如下：

```
root=Tk()
root.title("Python 连连看 ")
```

```
imgs=[PhotoImage(file='gif\\bar_0'+str(i)+'.gif') for i in
range(0,10) ] # 所有方块
```

所有的方块都存在列表 imgs 中，map 地图是方块存在列表 imgs 中的索引号。例如，bar_05.gif 方块在 map 地图中实际存储的索引号是 5。

关键代码如下：

```
map=[[" " for y in range(Height)]for x in range(Width)]
image_map= [[" " for y in range(Height)]for x in range(Width)]
cv=Canvas(root,bg='green',width=440,height=440)
def create_map():# 产生 map 地图
    global map
    # 生成随机地图
    # 将所有匹配成对的方块均放入同一个临时的地图中
    pictureMap=[]
    m=(Width)*(Height)//10
    print('m=',m)
for x in range(0,m):
    for i in range(0,10):# 每种方块都有 10 个
       pictureMap.append(x)
random.shuffle(pictureMap)
for x in range(0,Width):# 0~14
    for y in range(0,Height):# 0~14
       map[x][y]=pictureMap[x*Height+y]
```

9.2.2 游戏规则

由于游戏规则是能被消除的两个方块的连接线折点不能超过两个，因此方块能被消除的三种情况如下。

（1）无折点连接（直线连接）。

两个方块的纵坐标或横坐标相等，且两者连线间没有其他方块阻隔，如图 9-4 所示。

（2）一个折点连接。

若两个方块的位置关系是对角顶点，即这两个方块分别和两个圆点（见图 9-5）直接相连，则说明这两个方块可以“一折连通”。

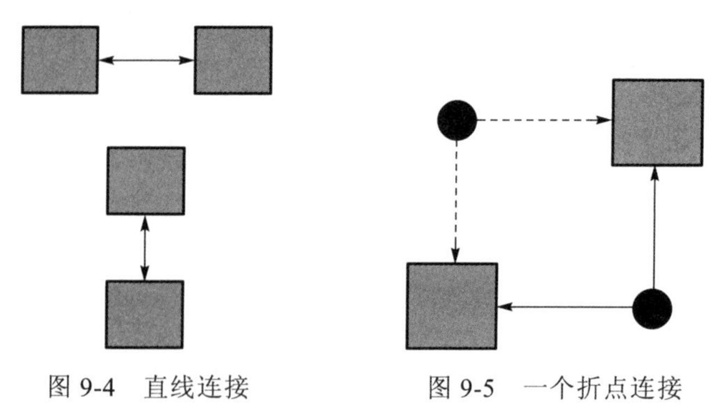

图 9-4　直线连接　　图 9-5　一个折点连接

(3) 两个折点连接。

判断方块 A 与方块 B 能否经过有两个折点的路径连接，实质上可以转化为判断能否找到一个点 C，这个点 C 与点 A 可以直线连接，且点 C 与点 B 可以经过有两个折点的路径连接。若能找到这样一个点 C，则点 A 与点 B 就可以经过有两个折点的路径连接，如图 9-6 所示。

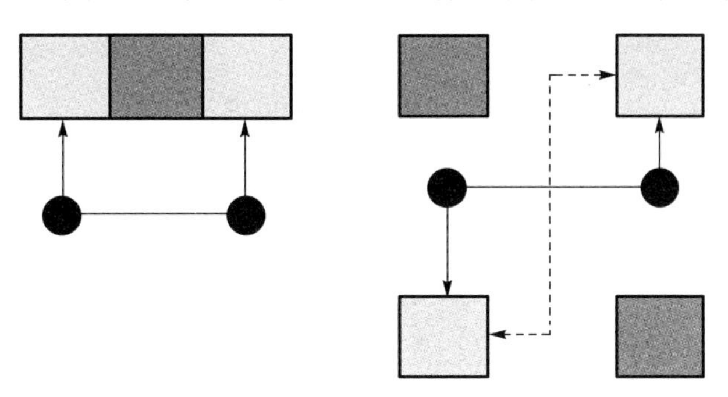

图 9-6　两个折点连接

经过上述分析，判断两个方块是否能够被消除的流程图如图 9-7 所示。

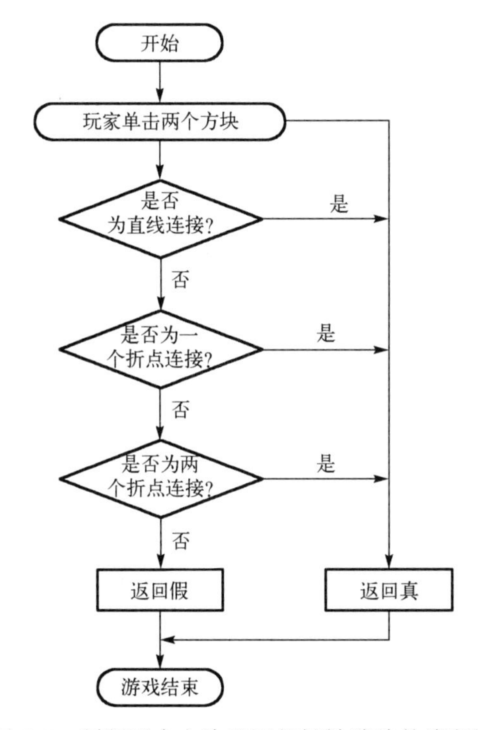

图 9-7　判断两个方块是否能够被消除的流程图

9.3　关键技术

在本节中主要介绍 Python 的第三方库 tkinker 库中的 Canvas(画布)的使用方法。tkinter 库中的 Canvas 组件和 HTML 5 中的画布一样，都是用来绘图的，可以将图形、文本、小部件或框架均放置在画布上。

9.3.1 Canvas 对象

利用函数 Canvas(master,option=value,…)创建一个 Canvas 对象，其中 master 是 Canvas 对象的父容器，option 是可选设置属性，这些选项可以用“键=值”的形式进行设置，并以逗号分隔。常用的 option 属性如表 9-1 所示。

表 9-1 常用的 option 属性

属 性	描 述
bd or borderwidth	边框宽度，单位为像素（pixel），默认为 2 像素
bg or background	背景颜色，默认为亮灰色，'# E4E4E4'
closeenough	鼠标敏感值，当鼠标小于或等于该浮点数时，有效，默认为 1.0
confine	若该值为 True（默认），则画布不能滚动到可滑动的区域外
cursor	光标形状，如 arrow、circle、cross、plus 等
height	画布高度，Y 维度
highlightbackground	高亮部分的背景颜色，高亮（highlight）是指键盘输入当前指向该组件
hightlightthickness	高亮线宽度，默认为 1
relief	边框样式，可选值为 FLAT、SUNKEN、RAISED、GROOVE、RIDGE。默认值为 FLAT
selectbackground	选定区域的背景颜色
selectborderwidth	选定区域的边框宽度
selectforeground	选定区域的前景颜色

关键代码如下：

```
import tkinter as tk
master=tk.Tk()
# 创建 Canvas 对象
W=tk.Canvas(master,option=value,…)
# 显示 Canvas 对象
W.pack()
```

9.3.2 绘制图形

通过调用不同的函数可以实现在 Canvas 上绘制各种图形。

（1）create_arc()：绘制圆弧。

（2）create_line()：绘制直线。

（3）create_bitmap()：绘制位图。

（4）create_image()：绘制图像。

（5）create_oval()：绘制椭圆。

（6）create_rectangle()：绘制矩形。

（7）create_polygon()：绘制多边形。

（8）create_window()：绘制子窗口。

（9）create_text()：创建一个文字对象。

下面学习利用函数绘制各种图形对象。

1. 绘制圆弧

使用 create_arc()可以创建一个圆弧对象，圆弧对象可以是一个弦、饼图扇区或者是一个简单的弧，具体语法如下：

```
Canvas对象.create_arc(弧外框矩形左上角的x坐标，弧外框矩形左上角的y坐标，弧外框矩形右下角的x坐标，弧外框矩形右下角的y坐标，选项，…)
```

创建圆弧时的常用选项包括：outline 用于设置圆弧边框的颜色；fill 用于设置填充颜色；width 用于设置圆弧边框的宽度；start 用于指定起始角度；extent 用于指定角度偏移量，而不是终止角度。

使用 create_arc()绘制圆弧的效果如图 9-8 所示。

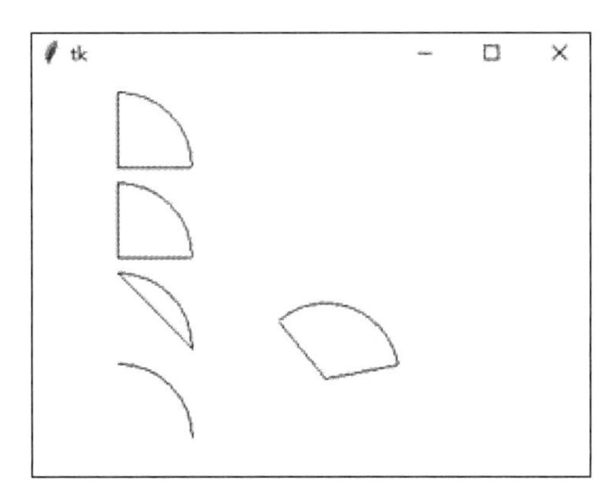

图 9-8 绘制圆弧

关键代码如下：

```
from tkinter import *
root=Tk()
# 创建一个Canvas，将背景颜色设置为白色
cv=Canvas(root,bg='white')
cv.create_arc ((10,10,110,110),)
d={1:PIESLICE,2:CHORD,3:ARC}
for i in d:
# 分别创建扇形、弓形和弧形
cv.create_arc((10,10+60*i,110,110+60*i),style=d[i])
print(i,d[i])
# 使用start与extent分别指定圆弧起始角度与偏移角度
cv.create_arc(
(150,150,250,250),
# 指定起始角度
start=10,
# 指定偏移角度(角度逆时针)
extent=120)
cv.pack()
root.mainloop()
```

2. 绘制线条

使用 create_line()可以创建一个线条对象，具体语法如下：

```
line=canvas.create_line(x0,y0,x1,y1,…,xn,yn,选项)
```

其中，参数(x0, y0), (x1, y1), …, (xn, yn)表示线段的端点。创建线段时的常用选项有：widthet 用于设置线段宽度；arrow 用于设置是否使用箭头（没有箭头为 none，起点有箭头为 first，终点有箭头为 last，两端都有箭头为 both）；fill 用于设置线段颜色；dash 用于设置线段为虚线（其整数值决定虚线的样式）。

使用 create_line()绘制线条的效果如图 9-9 所示。

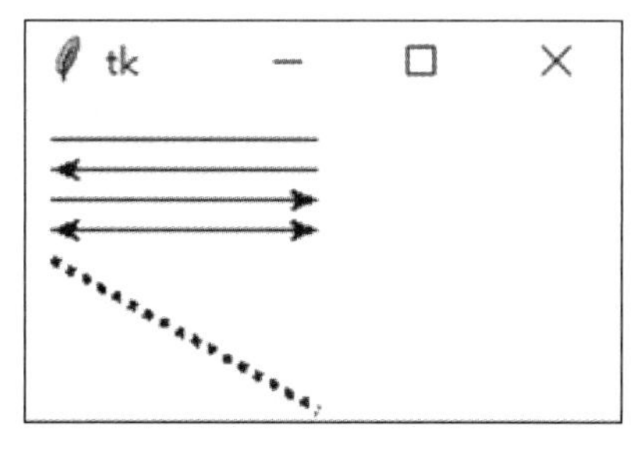

图 9-9　绘制线条

关键代码如下：

```
from tkinter import *
root=Tk()
cv.create_line(10,10,100,10,arrow='none')      # 绘制没有箭头的线段
cv.create_line(10,20,100,20,arrow='first')     # 绘制起点有箭头的线段
cv.create_line(10,30,100,30,arrow='last')      # 绘制终点有箭头的线段
cv.create_line(10,40,100,40,arrow='both')      # 绘制两端都有箭头的线段
cv.create_line(10,50,100,100,width=3,dash=7)  # 绘制虚线
cv.pack()
root.mainloop()
```

3．绘制矩形

使用 create_rectangle()可以创建矩形对象，具体语法如下：

```
Canvas 对象.create_rectangle(矩形左上角的 x 坐标，矩形左上角的 y 坐标，矩形右下角的 x 坐标，矩形右下角的 y 坐标，选项，…)
```

创建矩形对象时的常用选项有：outline 用于设置边框颜色；fill 用于设置填充颜色；width 用于设置边框的宽度；dash 用于设置边框为虚线；stipple 用于设置自定义画刷填充为矩形。

使用 create_rectangle()绘制矩形的效果如图 9-10 所示。

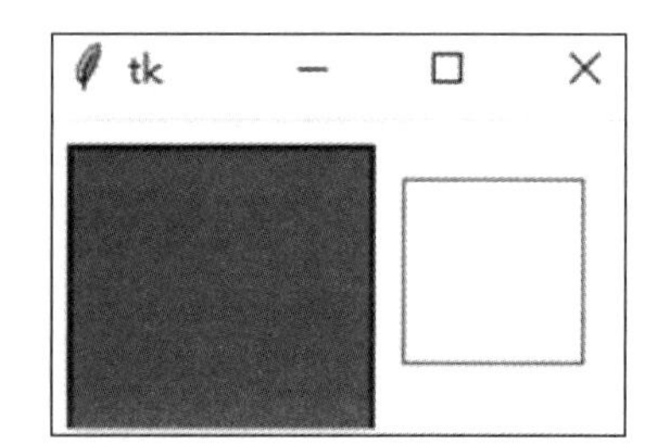

图 9-10　绘制矩形

关键代码如下：

```
from tkinter import *
root=Tk()
# 创建一个 Canvas，设置其背景颜色为白色
cv=Canvas(root,bg='white',width=200,height=100)
cv.create_rectangle(10,10,110,110,width=2,fill='red')
# 指定矩形的填充色为红色，宽度为 2
cv.create_rectangle(120,20,180,80,outline='green')
# 指定矩形的边框颜色为绿色
cv.pack()
root.mainloop()
```

4．绘制多边形

使用 create_polygon()创建一个多边形对象，可以是一个三角形、矩形或者任意一个多边形，具体语法如下：

```
Canvas 对象.create_polygon(顶点 1 的 x 坐标，顶点 1 的 y 坐标，顶点 2 的 x 坐标，顶点 2 的 y 坐标,…,顶点 n 的 x 坐标，顶点 n 的 y 坐标，选项，…)
```

创建多边形对象时的常用选项有：outline 用于设置边框颜色；fill 用于设置填充颜色；width 用于设置边框的宽度；smooth 用于设置多边形的平滑程度（该值为 0 表示多边形的边是折线；该值为 1 表示多边形的边是平滑曲线）。

绘制三角形、正方形、对顶三角形的效果如图 9-11 所示。

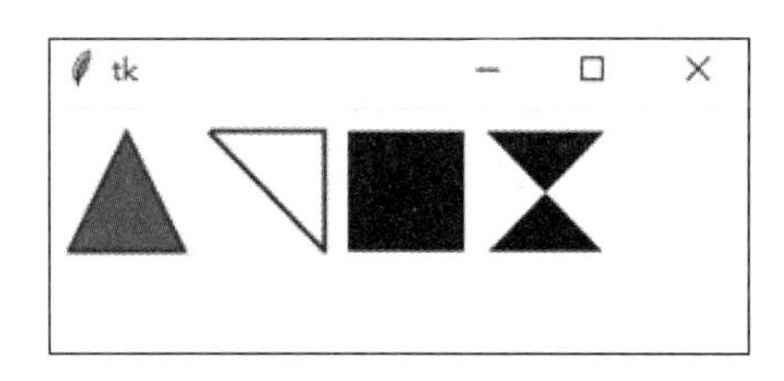

图 9-11　绘制多边形

关键代码如下：

```
from tkinter import *
root=Tk()
cv=Canvas(root,bg='white',width=300,height=100)
cv.create_polygon(35,10,10,60,60,60,outline='blue',fill='red',width
= 2)                          # 等腰三角形
cv.create_polygon(70,10,120,10,120,60,outline='blue',fill='white',
width=2)                      # 直角三角形
cv.create_polygon(130,10,180,10,180,60,130,60,width=4)    # 等腰三角形
cv.create_polygon(190,10,240,10,190,60,240,60,width=1)    # 对顶三角形
cv.pack()
root.mainloop()
```

5. 绘制椭圆

使用 create_oval()创建一个椭圆对象，具体语法如下：

```
Canvas 对象.create_oval(包裹椭圆的矩形左上角 x 坐标,包裹椭圆的矩形左上角 y 坐标,包裹椭圆的矩形右下角 x 坐标，包裹椭圆的矩形右下角 y 坐标，选项，…)
```

创建椭圆对象时的常用选项有：outline 用于设置边框颜色；fill 用于设置填充颜色；width 用于设置边框的宽度，若包裹椭圆的矩形是正方形，则绘制的是一个圆形。

绘制椭圆和圆形如图 9-12 所示。

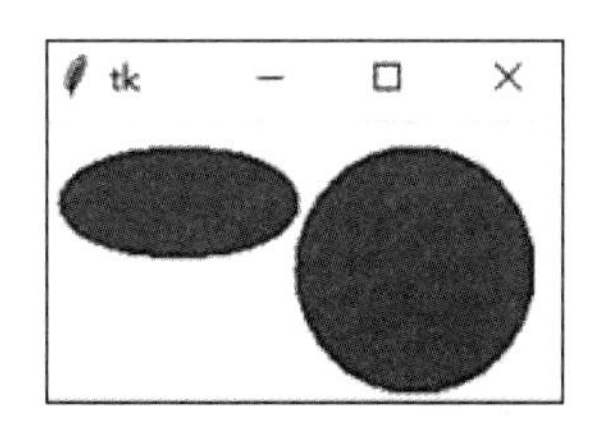

图 9-12 绘制椭圆和圆形

关键代码如下：

```
from tkinter import *
root=Tk()
cv=Canvas(root,bg='white',width=200,height=100)
cv.create_oval(10,10,100,50,outline='blue',fill='red',width=2)
 # 椭圆
cv.create_oval(100,10,190,100,outline='blue',fill='red',width=2)
# 圆形
cv.pack()
root.mainloop()
```

6. 绘制文字

使用 create_text()创建一个文字对象，具体语法如下：

```
文字对象=Canvas 对象.create_text(文本左上角的 x 坐标，文本左上角的 y 坐标，选项，…)
```

创建文字对象时的常用选项有：text 是文字对象的文本内容；fill 用于设置文字颜色；anchor 用于设置文字对象的位置（其取值 w 表示左对齐，e 表示右对齐，n 表示顶对齐，s 表示底对齐，nw 表示左上对齐，sw 表示左下对齐，se 表示右下对齐，ne 表示右上对齐，center 表示居中对齐，默认值为 center）；justify 用于设置文字对象中文本的对齐方式（其取值 left 表示左对齐，right 表示右对齐，center 表示居中对齐，默认值为 center）。

编写文本示例如图 9-13 所示。

图 9-13 编写文本示例

关键代码如下：

```
from tkinter import *
root=Tk()
cv=Canvas(root,bg='white',width=200,height=100)
cv.create_text((10,10),text='Hello World',fill='red',anchor='nw')
cv.create_text((200,50),text='你好 World'fill='blue',anchor='se'
cv.pack()
root.mainloop()
```

7. 绘制图像和位图

（1）绘制位图。

使用 create_bitmap()可以绘制 Python 内置的位图，具体语法如下：

```
Canvas 对象.create_bitmap((x 坐标, y 坐标), bitmap=位图字符串, 选项, …)
```

(x 坐标，y 坐标)是位图放置的中心坐标。常用选项 image、activeimage 和 disabled image 分别用于指定正常、活动、禁止状态显示的位图。

（2）绘制图像。

在游戏开发过程中需要使用大量图像，使用 create_image()可以绘制图像，具体语法如下：

```
Canvas 对象.create_image(x 坐标, y 坐标), image=图像文件对象, 选项, …)
```

(x 坐标，y 坐标)是图像放置的中心坐标。常用选项 image、activeimage 和 disabled image 分别用于指定正常、活动、禁止状态显示的图像。函数 PhotoImage()用于获取图像文件对象。Python 支持的图像文件形式一般为.png 和.gif。

绘制图像示例如图 9-14 所示。

图 9-14　绘制图像示例

关键代码如下：

```
from tkinter import *
root=Tk()
root.geometry('320*240')
mycanvas=Canvas(root)
mycanvas.pack()
photo=PhotoImage(file='C:/Users/Administrator/Desktop/书籍/
笑脸.gif')
```

```
# 若使用 macOS 操作系统，则需要注意图片的格式；否则会报错
mycanvas.create_image(100,100,image=photo)
root.mainloop()
```

9.4 编程实现

1. 设计点类 Point

点类 Point 的使用方法比较简单，主要用于存储方块的坐标(x,y)。

关键代码如下：

```
Class Ponit:                                    # 点类
    def __init__(self,x,y);
        self.x=x
        self.y=y
```

2. 设计游戏的主逻辑

首先调用函数 create_map()实现将图案随机放到地图 map 中，地图 map 中记录的是图案的数字编号，最后调用函数 print_map()按地图 map 中记录的图案信息将图 9-3 中的图案绘制在 Canvas 对象中，生成游戏开始界面，同时绑定 Canvas 对象的鼠标左键和右键事件，并进入窗体显示线程中。

关键代码如下：

```
# 游戏主逻辑
root=Tk()
root.title("Python 连连看")
imgs=[PhotoImage(file='gif \\ bar_0'+str(i)+'.gif') for i in
range(0,10) ]                              # 所有图标图案
Select_first=False                         # 是否已经选中第一块
firstSelectRectId=-1                       # 被选中第一块 map 对象
SecondSelectRectId=-1                      # 被选中第二块 map 对象
clearFlag=False
linePointStack=[]
Line_id=[]
Height=10
Width=10
map= [[" " for y in range(Height)]for x in range(Width)]
image_map=[[" " for y in range(Height)]for x in range(Width)]
cv=Canvas(root,bg='green',width=440,height=440)
# drawQiPan()
cv.bind("<Button-1>",callback)             # 鼠标左键事件
cv.bind("<Button-3>",find2Block)           # 鼠标右键事件
cv.pack()
create_map()                               # 生成 map 地图
```

```
    print_map()                                        # 打印 map 地图
    root.mainloop()
```

3. 编写函数代码

使用函数 print_map()按地图 map 中记录的图案信息将图 9-3 中的图案显示在 Canvas 对象中，生成游戏开始界面。

关键代码如下：

```
def print_map():                                          # 输出 map 地图
    global image_map
    for x in range(0,Width):# 0~14
       for y in range(0,Height):# 0~14
           if(map[x][y]!=' '):
               img1=imgs[int(map[x][y])]
               id=cv.create_image((x*40+20,y*40+20),image=img1)
               image_map[x][y]=id
    cv.pack()
    for y in range(0,Height):# 0~14
        for x in range(0,Width):# 0~14
            print (map[x][y],end=' ')
        print(",",y)
```

玩家在窗口中单击时，通过坐标(event.x,event.y)计算出方块位置坐标(x,y)。判断该方块是否为第一次选中方块，若是则仅对选定方块加上蓝色的示意框架。若是第二次选中方块，则加上黄色的示意框线，同时要判断两个方块图案是否相同且连通。若连通则画出选中方块之间的连接线，延时 0.3s 后清除第一个选定方块和第二个选定方块，并清除选中方块之间的连接线；若不连通，则清除选定两个方块的示意框线。

关键代码如下：

```
def callback(event):                    # 鼠标左键事件代码
    global Select_first,p1,p2
    global firstSelectRectId,SecondSelectRectId
    # print ("clicked at",event.x,event.y,turn)
    x=(event.x)//40                # 换算方块坐标
    y=(event.y)//40
    print("clicked at",x,y)
    if map[x][y]==" ":
        showinfo(title="提示",message="此处无方块")
    else:
        if Select_first==False:
            p1=Point(x,y)
            # 画出选定 (x1,y1)处的框线
             firstSelectRectId=cv.create_rectangle(x*40,y*40,
             x*40+40,y*40+40, width=2, outline="blue")
```

```
                Select_first=True
            else:
                p2=Point(x,y)
                # 判断第二次单击的方块是否已被选取，若是则返回
                if (p1.x==p2.x) and (p1.y==p2.y):
                    return
                # 画出选定(x2,y2)处的框线
                print('第二次单击的方块',x,y)
                SecondSelectRectId=cv.create_rectangle(x*40,y*40,
                x*40+40,y*40+40,width=2,outline="yellow")
                print('第二次单击的方块',SecondSelectRectId)
                cv.pack()
                # 判断是否连通
                if IsSame(p1,p2) and IsLink(p1,p2):
                    print('连通',x,y)
                    Select_first=False
                    # 画出选中方块之间连接线
                    drawLinkLine(p1,p2)
                    # clearTwoBlock()
                    # time.sleep(0.6)
                    # clearFlag=True
                    t=Timer(timer_interval,delayrun)  # 定时函数
                    t.start()
                else:  # 重新选定第一个方块
                    # 清除第一个选定框线
                    cv.delete(firstSelectRectId)
                    cv.delete(SecondSelectRectId)
                    # print('清除第一个选定框线')
                    # firstSelectRectId=SecondSelectRectId
                    # p1=Point(x,y)            # 设置重新选定第一个方块坐标
                    Select_first=False
    # IsSame (p1,p2) 函数用于判断 p1(x1,y1)和 p2(x2,y2)处的方块图案是否相同
    def IsSame (p1,p2):
            if map[p1.x][p1.y]==map[p2.x][p2.y]:
            print("clicked at IsSame")
            Return True
            return False
```

以下是画出两个方块之间连接线和清除连接线的方法。

函数 drawLinkLine(p1,p2)用于绘制点 p1 与点 p2 所在两个方块之间的连接线。判断 linePoint Stack 列表长度，若长度为 0，则是直线连通；若长度为 1，则是一折连通，此时 linePointStack 存储的是一折连通的一个折点：若长度为 2，则是两折连通，此时 linePointStack 存储的是两折连通的两个折点。

关键代码如下：

```
# 画连接线
def drawLinkLine(p1,p2):
if (len(linePointStack)==0):
        Line_id.append(drawLine(p1,p2))
    else:
        print(linePointStack,len(linePointStack))
    if (len(linePointStack)==1):
        z=linePointStack.pop()
        print("一折连通点 z",z.x,z.y)
        Line_id.append(drawLine(p1,z))
        Line_id.append(drawLine(p2,z))
    if (len(linePointStack)==2):
        z1=linePointStack.pop()
        print("两折连通点 z1",z1.x,z1.y)
        Line_id.append(drawLine(p2,z1))
        z2=linePointStack.pop()
        print("两折连通点 z2",z2.x,z2.y)
        Line_id.append(drawLine(z1,z2))
        Line_id.append(drawLine(p1,z2))
```

利用函数 drawLinkLine(p1,p2)绘制点 p1 与点 p2 之间的直线。

关键代码如下：

```
def  drawLine(p1,p2):
print("drawLine p1,p2",p1.x,p1.y,p2.x,p2.y)
    cv.create_line(40+20,40+20,200,200,width=5,fill='red')
    id=cv.create_line(p1.x*40+20,p1.y*40+20,p2.x*40+20,p2.y*40+20   ,
width=5,fill='red'
# cv.pack()
return id
```

利用函数 undrawConnectLine()删除 Line_id 记录的连接线。

关键代码如下：

```
# 删除连接线
def undrawConnectLine():
    while len(Line_id)>0:
        idpop=Line_id.pop()
        cv.delete(idpop)
```

利用函数 clearTwoBlock()清除点 p1 与点 p2 之间的连线及所在方块。

关键代码如下：

```
def clearTwoBlock():# 清除连线及方块
    # 延时 0.1s
    # time.sleep(0.1)
```

```
        # 清除第一个选定框线
        cv.delete(firstSelectRectId)
        # 清除第二个选定框线
        cv.delete(SecondSelectRectId)
        # 清空记录方块的值
        map[p1.x][p1.y]=" "
        cv.delete(image_map[p1.x][p1.y])
        map[p2.x][p2.y]=" "
        cv.delete(image_map[p2.x][p2.y])
        Select_first=False
        undrawConnectLine()# 清除选中方块之间连接线
```

函数 delayrun()是定时函数，延时 timer_interval（0.3s）后清除点 p1 与点 p2 之间的连接线及两点所在的方块。

关键代码如下：

```
timer_interval=0.3                  # 延时 0.3s
# --------------------------------------
def delayrun():
    clearTwoBlock()                 # 清除连接线及方块
```

函数 IsWin()用于检测是否还存在未被消除的方块，即 map 中的元素值非空（“ ”），若没有，则表示已经赢得了本次游戏。

关键代码如下：

```
...
# 检测是否已经赢得了本次游戏
...
def IsWin()
    # 检测是否还存在未被消除的方块
    # （非 BLANK_STATE 状态）
for y in range(0,Height):
    for x in range (0, Width) :
        if map[i]!="":
            return False;
return True;
```

9.5 小结

在本章设计并实现了一个连连看游戏，需要掌握使用 Tinker 库中的 Canvas 对象绘制各种图形对象的方法，学会通过编程制定连连看游戏的规则。

第 10 章　推　箱　子

10.1　游戏介绍

经典的推箱子游戏旨在训练玩家的逻辑思维能力。游戏的玩法是：要求玩家在狭窄的仓库中，将木箱推到指定位置，如果不小心，木箱将无法移动或将通道阻塞，因此需要玩家熟练地利用有限的空间和通道，合理安排移动顺序和位置，才能成功完成任务。

游戏运行时载入相应的地图，屏幕中出现一个推箱子的工人、围墙、工人可以走的通道、几个可以移动的箱子和箱子放置的目的地。玩家通过按上、下、左、右键控制工人推箱子，当把所有箱子都推到了目的地后出现过关信息，并显示下一关。若推错了，则玩家需要按空格键重新玩这关，直到通过全部关卡。

推箱子游戏界面如图 10-1 所示。

图 10-1　推箱子游戏界面

本游戏使用的图片元素如图 10-2 所示。

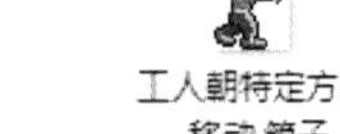

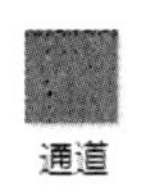

图 10-2　图片元素

10.2　设计思路

确定该游戏的开发难点。对工人的操作很简单，就是四个方向移动，工人移动与箱子移动的方向相同，所以对按键处理也比较简单。当箱子到达目的地时，就会产生游戏过关事件，此处需要一个逻辑判断。那么，仔细思考一下，这些所有的事件都发生在一张地图中，这张地图包括箱子的初始位置、箱子最终放置的位置和围墙障碍等。每关的地图都要更换，这些元素的位置也要改变。因此，每关的地图数据是最关键的，它决定了每关的不同场景和物体位置。

因此，可重点分析地图，先把地图想象成一个网格，每个格子就是工人每次移动的步长，也是箱子移动的距离，这样问题就简单了很多。设计一个 7×7 的二维列表 myArray,按照这样的框架来思考。对于格子的 x、y 两个屏幕像素坐标，可以通过二维列表下标进行换算。

格子的状态值分别用常量 Wall(0)表示围墙，Worker(1)表示工人，Box(2)表示箱子，Passageway(3)表示通道，Destination(4)表示目的地，WorkerInDest(5)表示工人所在位置，RedBox(6)表示放到目的地的箱子。文件中存储的原始地图中格子的状态值采用相应的整数形式存放。

在玩家通过键盘控制工人推箱子的过程中，需要按游戏规则判断是否响应该按键指示。下面分析工人将会遇到什么情况，以便归纳出所有的规则和对应的算法。为了描述方便，可以假设工人移动趋势方向为右，其他方向原理与该方向原理是一致的。P1、P2 分别表示工人移动趋势方向前的两个方格，如图 10-3 所示。

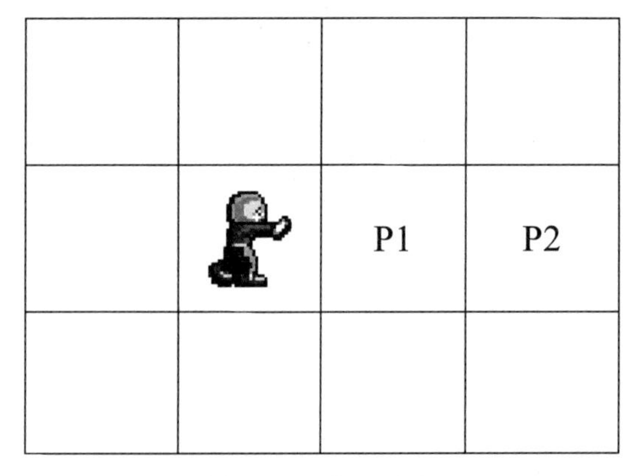

图 10-3　游戏设计

（1）前方 P1 是通道。

```
if 工人前方是通道
{
```

```
    工人可以前进到 P1 位置
    修改相关位置格子的状态值
}
```

（2）前方 P1 是围墙或出界。

```
if 工人前方是围墙或出界(即阻挡工人的路线)
{
    退出规则判断，布局不做任何改变
}
```

（3）前方 P1 是目的地。

```
if 工人前方是目的地
{
    工人可以前进到 P1 位置
    修改相关位置格子的状态值
}
```

（4）若前方 P1 是箱子，则会出现如图 10-4 所示的情况。

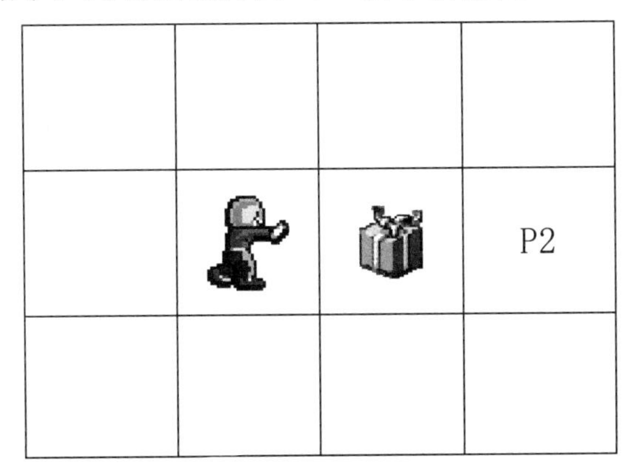

图 10-4　前方 P1 是箱子

对于前面三种情况，只要根据前方 P1 处的物体就可以判断出工人是否可以移动；而对于第 4 种情况，还需要判断箱子前方 P2 处的物体才能判断出工人是否可以移动，此时有以下几种可能。

（1）P1 处为箱子，P2 处为墙或出界。

```
if 工人前方 P1 处为箱子，P2 处为墙或出界
{
    退出规则判断，布局不做任何改变。
}
```

（2）P1 处为箱子，P2 处为通道。

```
if 工人前方 P1 处为箱子，P2 处为通道
{
    工人可以前进到 P1，P2 状态为箱子
```

```
        修改相关位置格子的状态值
    }
```

（3）P1 处为箱子，P2 处为目的地。

```
    if 工人前方 P1 处为箱子，P2 处为目的地
    {
        工人可以前进到 P1，P2 状态为放置好的箱子
        修改相关位置格子的状态值
    }
```

（4）P1 处为放到目的地的箱子，P2 处为通道。

```
    if 工人前方 P1 处为放到目的地的箱子，P2 处为通道
    {
        工人可以前进到 P1，P2 状态为箱子
        修改相关位置格子的状态值
    }
```

（5）P1 处为放到目的地的箱子，P2 处为目的地（多个箱子，多个目的地）。

```
    if 工人前方 P1 处为放到目的地的箱子，P2 处为目的地
    {
        工人可以前进到 P1，P2 状态为放置好的箱子
        修改相关位置格子的状态值
    }
```

综合前面的分析，就可以设计出整个游戏的实现流程了。

10.3 关键技术

10.3.1 一维数组与二维数组

数组是数据的组合。数组在应用上属于数据的容器，它不仅是一种基础的数据类型，还是一种基础的数据结构。若使用 Python 编程，则一定要掌握数组。

在 Python 中，numpy（常用于数学计算）和 pandas（数据分析常用包，可方便地对表结构进行分析）这两个常用的数据包均可以用于表示数组。

1. 一维数组

（1）numpy 一维数组。

在 Python 中，用列表也可以表示数组，但是用 numpy 表示的一维数组具有统计功能（如平均值 mean()，标准差 std()）和向量化运算功能，这是列表不具备的。

在定义一维数组前，需要先导入 numpy 包。另外，用 array 定义一维数组，用 dtype 查看数据类型，数组的下标从零开始。示例代码如下：

```
    # 导入 numpy 包
```

```
import numpy as np
# 定义一维数组
a=np.array([2,3,4,5])
# 查看数据类型
a.dtype
# 输出
# dtype('int32')
```

数组的访问分为切片访问和循环访问两种，其中切片访问更常用、也更方便。

```
# 切片访问（常用）
a[1:3]
# 输出
# array([3,4])
# 循环访问
for i in a:
    print(i)
# 输出
# 2
# 3
# 4
# 5
```

（2）pandas 一维数组。

可以用 Series 为 pandas 一维数组建立索引，并用 index 来指定索引，这样，访问时就可以通过索引来访问数组了。

```
# 导入 pandas 包
import pandas as pd
# pandas 一维数据结构(有索引)，6 家公司的股票，index 为索引
stockS=pd.Series([54.74,190.9,173.14,1050.3,181.86,1139.49],
                 index=['腾讯','阿里巴巴','苹果','谷歌','Facebook','亚马逊'])
```

iloc 属性既可以用于根据位置获取值，也可以用于根据索引获取值。

```
stockS.iloc[0]
# 输出
# 54.740000000000002
stockS.loc['腾讯']
# 输出
# 54.740000000000002
```

describe 用于获取描述统计信息。

```
# 获取描述统计信息
stockS.describe()
# 输出
count       6.000000
```

```
mean       465.071667
std        491.183757
min         54.740000
25%        175.320000
50%        186.380000
75%        835.450000
max       1139.490000
dtype: float64
```

pandas 一维数组也支持向量运算。在下面的向量运算中，结果出现了空值，这是因为运算中的某个数据为空。

```
# 向量化运算：向量相加
s1=pd.Series([1,2,3,4],index=['a','b','c','d'])
s2=pd.Series([10,20,30,40],index=['a','b','e','f'])
s3=s1+s2
print(s3)
# 输出
a    11.0
b    22.0
c     NaN
d     NaN
e     NaN
f     NaN
dtype: float64
```

通常在运算中，不希望结果中出现空值，若想得到没有空值的结果，则需要对数据进行处理。一种方式是将缺失值删除，pandas 中用 dropna 删除缺失值；第二种方法是将缺失值进行填充，在填充时，要根据实际情况，确定可以直接用零填充，还是需要建立模型计算出填充值。在 pandas 中使用 add 进行值的填充，fill_value 为填充值（下面程序中填充值为 0）。

```
# 方法一：删除缺失值
s3.dropna()
# 输出
a    11.0
b    22.0
dtype: float64
# 方法二：填充缺失值
s3=s1.add(s2,fill_value=0)
s3
# 输出
a    11.0
b    22.0
c     3.0
```

```
d    4.0
e   30.0
f   40.0
dtype: float64
```

2. 二维数组

（1）numpy 二维数组。

在 numpy 中，二维数组与一维数组的定义、查询及访问方式非常类似。数组下标均从零开始，行号与列号用逗号分隔，行号在前，列号在后。

```
# numpy 二维数据结构
# 定义二维数组
b=np.array([[1,2,3,4],[5,6,7,8],[9,10,11,12]])
# 查询元素：行号与列号用逗号分隔，前面为行号，后面为列号
b[0,2]
# 输出
# 3
# 获取第一行的元素
b[0,:]
# 输出
# array([1,2,3,4])
# 获取第一列的元素
b[:,0]
# 输出
# array([1,5,9])
```

在计算平均值、最大值、最小值等统计值时，通常希望对每行或者每列分别求其统计值，而不是对整个数组求其统计值，这时就需要使用数轴参数 axis。axis=0 表示按列计算，axis=1 表示按行计算。

```
# 按轴计算每行的平均值
b.mean(axis=1)
# 输出
# array([2.5,6.5,10.5])
# 按轴计算每列的平均值
b.mean(axis=0)
# 输出
# array([5.,6.,7.,8.])
```

（2）pandas 二维数组。

由于 numpy 二维数组每列的数据类型都是一样的，因此它不适合保存 Excel 表格这样每一列的数据类型都不一样的数据。此时，pandas 二维数组就可以发挥它的作用了。

pandas 用数据框 DataFrame 定义二维数组，该二维数组有两个优点：一个是每列的数据类型都可以不一样；另一个是每行、每列都有一个索引，可以方便地通过索引访问数据。

在用数据框 DataFrame 定义带索引的二维数组时，首先，定义一个字典，映射列名和对应列的值；其次，定义数据框，将参数传入字典。

```
# 第一步，定义一个字典，映射列名和对应的值
form pandas import pd
salesDict={
    '购买时间':['2020-05-08','2020-05-01','2020-04-23'],
    '卡号':['001233','002398','001889'],
    '商品名':['海陆空美食','大可乐','薯片']
}
# 第二步：定义数据框，将参数传入字典
salesDf=pd.DataFrame(salesDict)
```

若希望传入数组中的数据顺序与定义的数据顺序一致，则需要定义一个有序字典。

```
# 导入有序字典
form collections import OrderedDict
# 定义一个有序字典
salesOrderedDict=OrderedDict(salesDict)
# 定义数据框
salesD=pd.DataFrame(salesOrderedDict)
```

10.3.2 列表复制——深拷贝

游戏中设计“重玩”的功能是便于玩家在无法通过某关时，重玩此关游戏，这时需要将地图信息恢复到初始状态，所以需要复制 7×7 的二维列表 myArray。注意，此时需要了解“列表复制——深拷贝”的方法。下面来看一个实例。

问题描述：已知一个列表 a，生成一个新的列表 b，列表 b 中的元素是列表 a 中对应的元素。

```
a=[1,2]
b=a
```

这种做法其实并未真正生成一个新的列表，列表 b 指向的仍然是列表 a 指向的对象。这样一来，若对列表 a 或列表 b 的元素进行修改，则列表 a、b 的值会同时发生变化。

解决的方法如下：

```
a=[1,2]
b=a[:]                        # 切片，或者使用 copy 函数 b=copy.copy(a)
```

这样，修改列表 a 对列表 b 没有影响，修改列表 b 对列表 a 也没有影响。

但这种方法只适用于简单列表，也就是列表中的元素都是基本类型，若列表元素还存在其他列表，则这种方法就不适用了。原因是 a[:]这种处理，只是将列表元素的值生成一个新的列表，如果列表元素也是一个列表，如 a=[1,[2]]，那么这种复制对于元素[2]的处理只是复制[2]的引用，而并未生成[2]的一个新的列表复制。为了证明这一点，进行了测试，测试结果如图 10-5 所示。

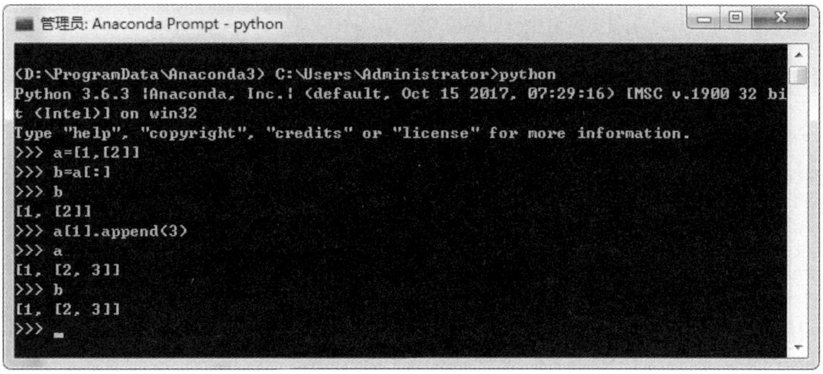

```
管理员: Anaconda Prompt - python
(D:\ProgramData\Anaconda3) C:\Users\Administrator>python
Python 3.6.3 |Anaconda, Inc.| (default, Oct 15 2017, 07:29:16) [MSC v.1900 32 bi
t (Intel)] on win32
Type "help", "copyright", "credits" or "license" for more information.
>>> a=[1,[2]]
>>> b=a[:]
>>> b
[1, [2]]
>>> a[1].append(3)
>>> a
[1, [2, 3]]
>>> b
[1, [2, 3]]
>>>
```

图 10-5　测试结果

可见，修改列表 a，列表 b 也受到了影响。若要解决这一问题，则可以使用 copy 模块中的函数 deepcopy()。修改后再进行测试，修改后的测试结果如图 10-6 所示。

```
管理员: Anaconda Prompt - python
>>> import copy
>>> a=[1,[2]]
>>> b=copy.deepcopy(a)
>>> b
[1, [2]]
>>> a[1].append(3)
>>> a
[1, [2, 3]]
>>> b
[1, [2]]
>>>
```

图 10-6　修改后的测试结果

明白这一点是非常重要的，因为在本游戏中需要一个新的二维列表（当前状态地图），并且对这个新的二维列表进行操作，同时不会影响原来的二维列表（原始状态地图）。

10.4　编程实现

1. 设计游戏地图

整个游戏在一个 7×7 的区域中进行，使用二维列表 myArray 进行存储。其中，方格状态值 0 代表围墙，1 代表工人，2 代表箱子，3 代表通路，4 代表目的地，5 代表工人在目的地，6 代表放到目的地的箱子。图 10-7 所示的是推箱子游戏界面的对应数据。

方格状态值用二维列表 myArrayl 进行存储（注意按列存储），代码如下：

```
# 原始地图
myArray1=[[0,3,1,4,3,3,3],
          [0,3,3,2,3,3,0],
          [0,0,3,0,3,3,0],
          [3,3,2,3,0,0,0],
```

```
            [3,4,3,3,3,0,0],
            [0,0,3,3,3,3,0],
            [0,0,0,0,0,0,0]]
```

0	0	0	3	3	0	0
3	3	0	3	4	0	0
1	3	3	2	3	3	0
4	2	0	3	3	3	0
3	3	3	0	3	3	0
3	3	3	0	0	3	0
3	0	0	0	0	0	0

图 10-7　推箱子游戏界面的对应数据

通过定义的变量名（Python 没有枚举类型）来表示方格的状态信息，使用列表 imgs 存储图像，并且按照图形代号的顺序进行存储。

```
# 0 代表围墙，1 代表工人，2 代表箱子，3 代表通路，4 代表目的地
# 5 代表工人在目的地，6 代表放到目的地的箱子
Wall=0
Worker=1
Box=2
Passageway=3
Destination=4
WorkerInDest=5
RedBox=6
# 原始地图
myArray1=[[0,3,1,4,3,3,3],
          [0,3,3,2,3,3,0],
          [0,0,3,0,3,3,0],
          [3,3,2,3,0,0,0],
          [3,4,3,3,3,0,0],
          [0,0,3,3,3,3,0],
          [0,0,0,0,0,0,0]]
imgs=[PhotoImage(file='bmp\\Wall.gif'),
      PhotoImage(file='bmp\\Worker.gif'),
      PhotoImage(file='bmp\\Box.gif'),
      PhotoImage(file='bmp\\Passageway.gif'),
      PhotoImage(file='bmp\\Destination.gif'),
      PhotoImage(file='bmp\\WorkerInDest.gif'),
      PhotoImage(file='bmp\\RedBox.gif') ]
```

2. 绘制整个游戏区域图形

绘制整个游戏区域图形就是按照二维列表 myArray 存储的图形代号，从列表 imgs 获取对应的图像，并显示到 Canvas 上。全局变量 x、y 表示工人当前的位置(x,y)，当从二维列表 myArray 中读取工人位置时，若是 1（Worker 值为 1），则记录当前的位置。

```
# 绘制整个游戏区域图形
def drawGameImage():
    global x,y
    for i in range(0,7) :# 0~6
        for j in range(0,7) :# 0~6
            if myArray[i][j]==Worker :
                x=i  # 工人当前位置(x,y)
                y=j
                print("工人当前位置:",x,y)
            img1=imgs[myArray[i][j]]
            cv.create_image((i*32+20,j*32+20),image=img1)
            cv.pack()
```

3. 按键事件处理

采用 Canvas 对象中的 KeyPress 按键处理游戏中玩家的按键操作。KeyPress 按键处理函数 callback()能根据用户的按键消息，计算出工人移动趋势方向前两个方格位置的坐标(xl,yl)、(x2,y2)，将所有位置作为参数调用，即 MoveTo(xl,yl,x2,y2)，并对地图进行更新。若用户按下空格键，则恢复游戏界面到原始地图状态，实现“重玩”功能。

```
def callback(event) :# 按键处理
    global x,y,myArray
    print ("按下按键: ",event.char)
    KeyCode=event.keysym
    # 工人当前位置(x,y)
    if KeyCode=="Up":# 分析按键消息
    # 向上
            x1=x;
            y1=y-1;
            x2=x;
            y2=y-2;
            # 将所有位置输入并进行判断，对地图进行更新
            MoveTo(x1,y1,x2,y2);
    # 向下
    elif KeyCode=="Down":
            x1=x;
            y1=y+1;
            x2=x;
            y2=y+2;
            MoveTo(x1,y1,x2,y2);
```

```
        # 向左
        elif KeyCode=="Left":
                x1=x-1;
                y1=y;
                x2=x-2;
                y2=y;
                MoveTo(x1,y1,x2,y2);
        # 向右
        elif KeyCode=="Right":
                x1=x+1;
                y1=y;
                x2=x+2;
                y2=y;
                MoveTo(x1,y1,x2,y2);
        elif KeyCode=="space": # 空格键
           print ("按下按键：空格",event.char)
           myArray=copy.deepcopy(myArray1)  # 恢复原始地图
           drawGameImage()
```

函数 IsInGameArea(row,col)用于判断工人是否在游戏区域中。

```
    # 判断工人是否在游戏区域中
    def IsInGameArea(row,col) :
    return (row>=0 and row<7 and col>=0 and col<7)
```

函数 MoveTo(xl,yl,x2,y2)是该程序中最复杂的部分，该部分可以实现前面分析的所有规则和对应的算法。

```
    def MoveTo(x1,y1,x2,y2) :
            global x,y
            P1=None
            P2=None
            if IsInGameArea(x1,y1) :          # 判断工人是否在游戏区域中
                P1=myArray[x1][y1];
            if IsInGameArea(x2,y2) :
                P2=myArray[x2][y2]
            if P1==Passageway :               # P1 处为通道
                MoveMan(x,y);
                x=x1; y=y1;
                myArray[x1][y1]= Worker;
            if P1==Destination :              # P1 处为目的地
                MoveMan(x,y);
                x=x1; y=y1;
                myArray[x1][y1]= WorkerInDest;
            if P1==Wall or not IsInGameArea(x1,y1) :
                # P1 处为围墙或出界
```

```
        return;
    if P1==Box  :# P1 处为箱子
      if P2==Wall or  not IsInGameArea(x1,y1) or P2==Box :
                # P2 处为围墙或出界
          return;
    # 以下 P1 处为箱子
    # P1 处为箱子,P2 处为通道
    if P1==Box and P2==Passageway :
        MoveMan(x,y);
        x=x1; y=y1;
        myArray[x2][y2]=Box;
        myArray[x1][y1]= Worker;
    if P1==Box and P2==Destination :
        MoveMan(x,y);
        x=x1; y=y1;
        myArray[x2][y2]=RedBox;
        myArray[x1][y1]=Worker;
    # P1 处为放到目的地的箱子,P2 处为通道
    if P1==RedBox and P2==Passageway :
        MoveMan(x,y);
        x=x1; y=y1;
        myArray[x2][y2]= Box;
        myArray[x1][y1]= WorkerInDest;
    # P1 处为放到目的地的箱子,P2 处为目的地
    if P1==RedBox and P2==Destination :
        MoveMan(x,y);
        x=x1; y=y1;
        myArray[x2][y2]= RedBox;
        myArray[x1][y1]= WorkerInDest;
    drawGameImage()
    # 这里要验证玩家是否过关
    if IsFinish() :
        showinfo(title="提示",message=" 恭喜你顺利过关")
        print("下一关")
```

函数 MoveMan(x,y)用于移动工人的位置(x,y)，并修改方格的状态值。

```
def  MoveMan(x,y) :
    if myArray[x][y]==Worker :
        myArray[x][y]=Passageway;
    elif myArray[x][y]==WorkerInDest :
        myArray[x][y]=Destination;
```

函数 IsFinish()用于验证玩家是否过关。只要方格状态存在目的地（Destination），或工人在目的地（WorkerlnDest），则表明存在没放好的箱子，未过关；否则过关。

```
def IsFinish():# 验证玩家是否过关
    bFinish=True;
    for i in range(0,7) :# 0~6
```

```
            for j in range(0,7) :# 0~6
                if  (myArray[i][j]==Destination
                        or myArray[i][j]==WorkerInDest) :
                    bFinish=False;
        return bFinish;
```

4. 主程序

本游戏的主程序设计如下：

```
cv=Canvas(root,bg='green',width=226,height=226)
myArray=copy.deepcopy(myArray1)
drawGameImage()

cv.bind("<KeyPress>",callback)
cv.pack()
cv.focus_set() # 将焦点设置到 cv 上
root.mainloop()
```

10.5 小结

本章设计并实现了一个推箱子游戏，需要掌握使用一维数组、二维数组、列表复制等知识，理解推箱子的游戏规则，并通过编程实现游戏规则。

第 11 章 贪 吃 蛇

11.1 游戏介绍

贪吃蛇是一款休闲益智类游戏，既简单又耐玩，是一款深受大众喜爱的小游戏。游戏玩法是：玩家通过上下左右控制贪吃蛇的移动方向来寻找食物，贪吃蛇每吃一口食物就能得到一定积分，而且随着吃的食物越来越多，蛇的身体也会越来越长，身体越长游戏难度就越大，贪吃蛇既不能触碰界面的边缘，也不能碰到自己的身体，更不能碰到自己的尾巴，等累积到一定的分数，就能过关，然后继续下一关。

贪吃蛇游戏界面如图 11-1 所示。

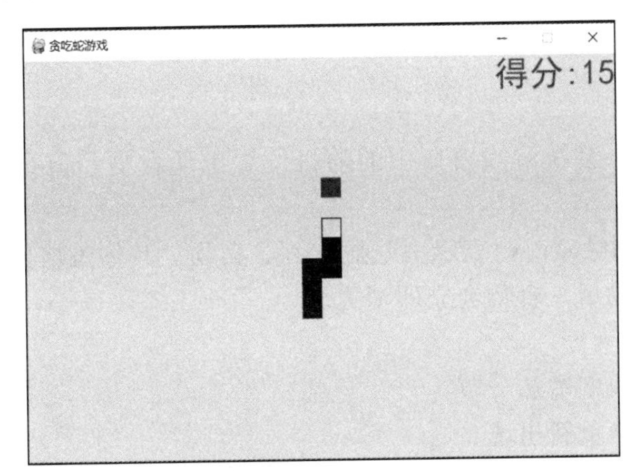

图 11-1 贪吃蛇游戏界面

本章的技能目标如下：

（1）学会将贪吃蛇游戏的规则通过编程实现。

（2）掌握 pygame 库中的 draw、event、time 等对象的使用方法。

11.2 游戏规则

在设计贪吃蛇游戏前，首先需要清楚游戏规则。

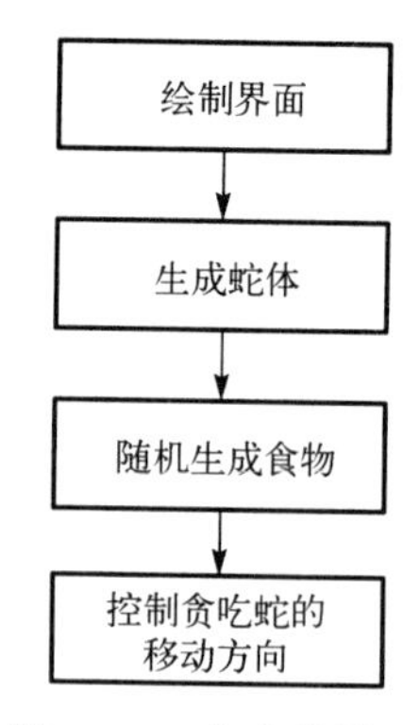

图 11-2　贪吃蛇游戏主要功能流程图

（1）贪吃蛇需要不停地移动。

（2）当贪吃蛇吃到食物后，身体会变长，相应地，积分也会随之增多，贪吃蛇的移动速度也会加快。

（3）当贪吃蛇触碰到边界或者自己的身体后，游戏结束。

在明确上面的游戏规则后，下面要设计程序来实现上述规则。贪吃蛇游戏主要功能流程图如图 11-2 所示。

1．开始和结束

（1）贪吃蛇刚开始出现在游戏窗口的左上角，身体共有 3 节。

（2）在游戏过程中，一旦蛇头碰到了窗口的边界或者自己的身体，游戏就会结束。

（3）在游戏过程中，单击游戏窗口的关闭按钮，或者按下 Esc 键可以直接退出游戏。

（4）一局游戏结束后，按下空格键可以重新开始新一局游戏。

2．运动和控制

① 贪吃蛇刚开始沿着界面水平方向移动，每隔 0.5s 移动一节身体。

② 使用键盘的方向键（↑、↓、←、→）可以改变贪吃蛇的移动方向。需要注意的是，当贪吃蛇沿左、右方向移动时，只能使用上、下方向键对其进行控制；当贪吃蛇沿上、下方向移动时，只能使用左、右方向键对其进行控制。

③ 在游戏过程中，按下空格键，可以暂停游戏，再次按下空格键可以继续游戏。

3．食物和积分

（1）游戏开始后，会在游戏窗口中的随机位置出现食物，但是要注意食物不会与蛇体重合。

（2）当蛇头与食物触碰时，表示贪吃蛇吃到了食物，具体策略如下：

- 贪吃蛇触碰食物后，食物会立即消失。
- 游戏积分增多。
- 贪吃蛇的身体长度增加一节。
- 食物会在窗口中重新出现。

（3）如果食物在一定时间内没用被贪吃蛇吃掉，那么食物会从界面上消失，再随机地从新的位置出现。

（4）在贪吃蛇吃掉食物后，会提高移动速度，具体策略如下：

- 游戏开始时贪吃蛇每隔 0.5s 移动一节身体。
- 贪吃蛇每吃掉一次食物移动速度就会快 0.05s。
- 最快的移动速度是贪吃蛇每间隔 0.1s 就移动一节身体。

根据上述游戏规则，从游戏开始到结束的流程图如图 11-3 所示。

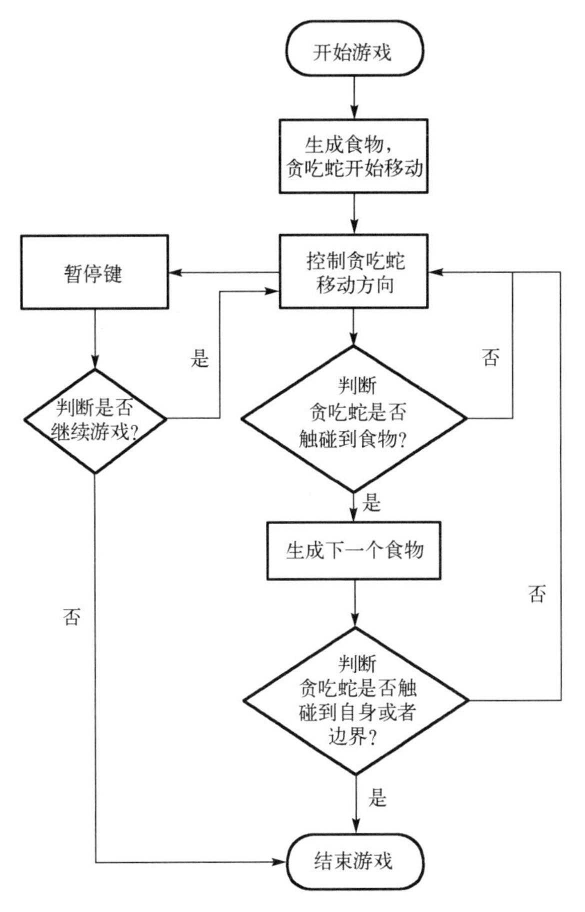

图 11-3　贪吃蛇游戏的流程图

11.3　类的设计

根据游戏规则和界面设计，若要实现贪吃蛇游戏，则需要 4 个类，即游戏类（Game）、贪吃蛇类（Snake）、食物类（Food）、标签类（Lable）。游戏界面展示图如图 11-4 所示。

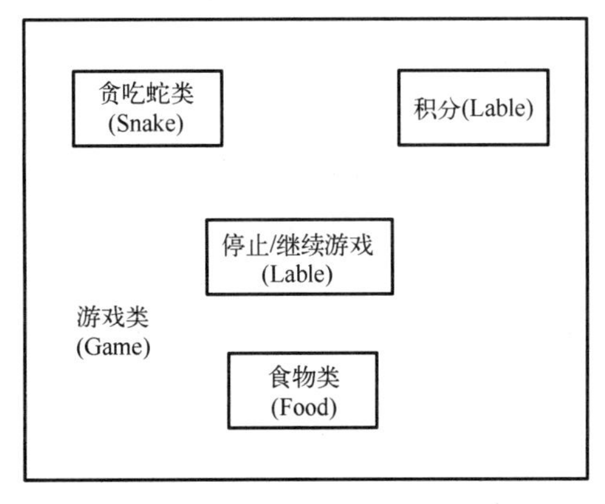

图 11-4　游戏界面展示图

以上设计的 4 个类的具体功能如下：

（1）游戏类：主要功能是控制游戏的全局，包括：

- 创建游戏界面。
- 创建游戏的基本要素，包括蛇体、食物、标签。
- 根据玩家的操作做出相应的响应。

（2）贪吃蛇类：主要负责贪吃蛇的移动和触碰判断。

（3）食物类：主要负责食物的生成和刷新。

（4）标签类：主要负责积分和停止/继续等文字的展示。

贪吃蛇游戏类图如图 11-5 所示。

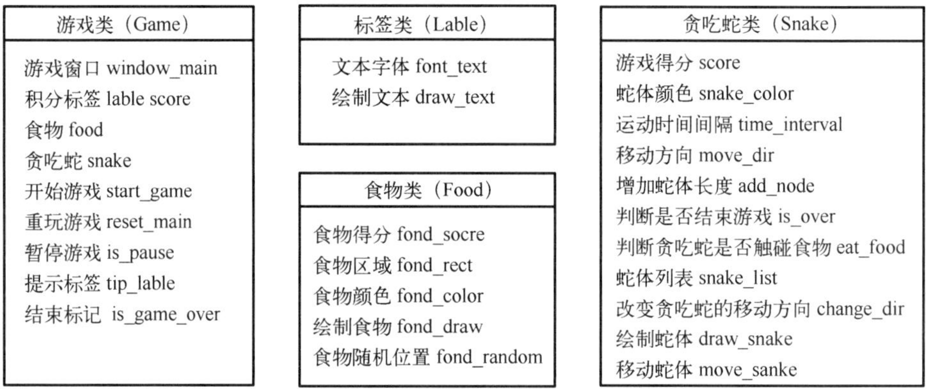

游戏类（Game）

游戏窗口 window_main
积分标签 lable score
食物 food
贪吃蛇 snake
开始游戏 start_game
重玩游戏 reset_main
暂停游戏 is_pause
提示标签 tip_lable
结束标记 is_game_over

标签类（Lable）

文本字体 font_text
绘制文本 draw_text

食物类（Food）

食物得分 fond_socre
食物区域 fond_rect
食物颜色 fond_color
绘制食物 fond_draw
食物随机位置 fond_random

贪吃蛇类（Snake）

游戏得分 score
蛇体颜色 snake_color
运动时间间隔 time_interval
移动方向 move_dir
增加蛇体长度 add_node
判断是否结束游戏 is_over
判断贪吃蛇是否触碰食物 eat_food
蛇体列表 snake_list
改变贪吃蛇的移动方向 change_dir
绘制蛇体 draw_snake
移动蛇体 move_sanke

图 11-5　贪吃蛇游戏类图

11.4　搭建游戏框架

11.4.1　pygame 模块

1．pygame 模块介绍

pygame 模块是用来编写游戏的 Python 模块集合的，作者是 Pete Shinners，pygame 是在优秀的 SDL 库之上开发的功能性包。使用 Python 可以导入 pygame 模块来开发具有全部特性的游戏和多媒体软件，pygame 模块极度轻便，并且可以运行在几乎所有的平台和操作系统上。针对用户不同的开发需求，pygame 模块提供了显示、字体、混音器等子模块。对于一些子模块，在使用之前必须要对其进行初始化操作，为了方便开发人员操作，pygame 模块提供了如下两个函数：

（1）函数 init()的功能是一次性初始化 pygame 模块中的所有子模块，这样在编写代码时，开发人员不需要再单独调用某个子模块的初始化方法，可以直接使用所有子模块。

（2）函数 quit()的主要功能是可以取消所有被初始化过的 pygame 模块。虽然在退出 Python 程序之前解释器会释放所有模块，也并非必须调用函数 quit()，但优秀的开发人员应遵守“谁申请、谁释放”的原则，所以在必要时应该主动调用函数 quit()以释放模块资源。

以下代码是在 Python 中实现函数 init()与函数 quit()的功能：

```
import pygame          # 导入 pygame 包

if __name__=='__main__':
    pygame.init()      # 初始化 pygame 模块中的所有子模块
pygame.quit()          # 取消初始化 pygame 模块中的所有子模块，创建 Canvas 对象
```

2. pygame.event 监听事件

根据贪吃蛇游戏的规则，玩家启动游戏后的一系列操作，包括开始/暂停、改变贪吃蛇的移动方向、关闭游戏等都应该被程序监听，游戏画面才能做出相应的变化，事件监听示意图如图 11-6 所示。

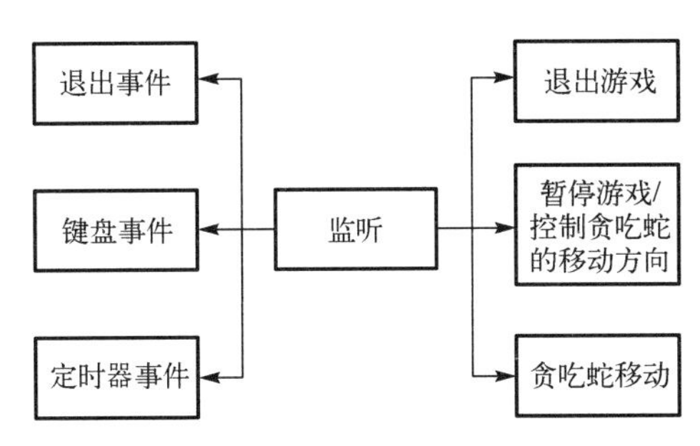

图 11-6　事件监听示意图

Event 模块是 pygame 模块的重要子模块之一，它是构建整个游戏程序的核心，pygame 模块会接收用户产生的各种操作（或事件），这些操作随时产生，并且不受操作数量的限制。pygame 模块定义了一个专门用来处理事件的结构，即事件队列，该结构遵循队列“先到先处理”的基本原则，通过事件队列，可以有序地、逐一地处理用户的操作。

采用 pygame.event 监听事件退出贪吃蛇游戏的代码如下：

```
# 监听事件
for event in pygame.event.get():
    # 退出游戏
    if event.type==pygame.QUIT:
        return
    elif event.type==pygame.KEYDOWN:
        if event.key==pygame.K_ESCAPE:
            return
```

11.4.2　游戏界面

1. 绘制窗口

贪吃蛇游戏作为一款图像界面游戏，玩家在启动游戏后会弹出相应的窗口，游戏中的所有对象都应该展示在窗口内。pygame 模块中的 display 子模块提供了创建游戏窗口的一系列方法，具体代码如下：

```
class Game(object):
    '''游戏类'''

    def __init__(self):
        # 初始化窗口大小为 600*400
        self.window_main=pygame.display.set_mode((600,400))
        # 设置窗口标题
        pygame.display.set_caption("贪吃蛇游戏")
```

还可以通过 pygame 模块提供的 fill()方法设置窗口的背景颜色。

```
pygame.display.set_mode((600,400)).fill(220,220,220)  # 灰色背景
```

2. 绘制文本

通过 pygame 模块提供的 SysFont 类设置窗口中的文字，在编写代码前，首先要明确文字的内容、字体、大小。Lable 文本类的定义如下：

```
class Lable(object):
    '''文本类'''

    def __init__(self,size=48,font_type="simhei",is_score=True):
        """
        :param size:字体大小
        :param is_score:判断是否得分
        """
        self.font=pygame.font.SysFont(font_type,size)
        self.is_score=is_score
```

将文本内容渲染后添加到窗口的指定位置。

```
def draw_text(self,text,window):
    """渲染文本内容"""
    # 文字颜色
    color=SCORE_COLOR if self.is_score is True else TEXT_COLOR
    # 渲染
    text_render=self.font.render(text,True,color)
    # 得分框位于窗口的右上角
    text_location=text_render.get_rect()
    text_location.topright=window.get_rect().topright
    # 添加到窗口
    window.blit(text_render,text_location)
```

11.4.3 创建食物

贪吃蛇通过吃食物来增加游戏积分并使蛇身变长，贪吃蛇的身体由两部分组成，分别是蛇头与蛇体。食物可以是圆形也可以是矩形，食物尺寸示意图如图 11-7 所示。

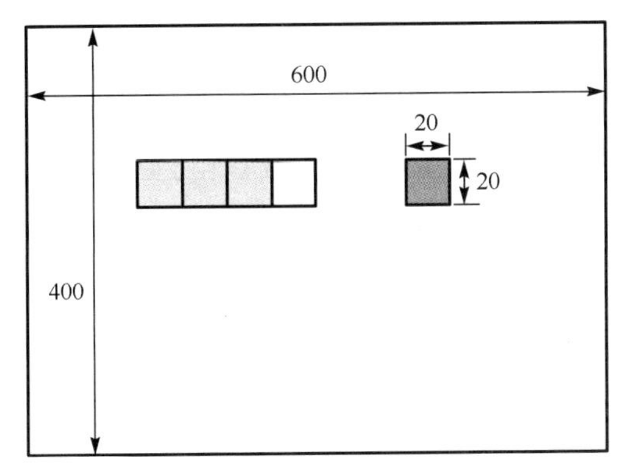

图 11-7　食物尺寸示意图

pygame 模块中的 draw 子模块提供了很多绘制图形的方法，下面创建食物类 Food 并利用 draw 子模块绘制食物。

```
class Food(object):
    """食物类"""
    def __init__(self):
        self.food_color=(255,0,0)
        self.food_random()
        self.food_score=5

    def draw(self,window):
        pygame.draw.rect(window,self.food_color,self.food_rect)
```

在绘制食物之前，首先要明确食物的刷新位置是贪吃蛇能碰到的位置，由此可以假设将整个界面划分成若干个方格，每个食物只能占用一个方格，蛇头和每节蛇体都占用一个方格。所以在界面长度与宽度都固定的情况下，应该设置一个能被界面长度与宽度整除的数字作为食物或者贪吃蛇的一节尺寸，在界面尺寸为 600×400 的情况下，设置食物和贪吃蛇每节的尺寸都为 20×20，如下方法可计算出方格具体的行列数，并利用方法 pygame.Rect() 随机生成食物位置。

```
def food_random(self):
    '''食物随机位置'''
    col=600/20-1
    row=400/20-1

    # 随机生成食物位置
    x=random.randint(0,int(col))*20
    y=random.randint(0,int(row))*20
    self.food_rect=pygame.Rect(x,y,20,20)
```

如果在游戏中，食物在一定时间内未被贪吃蛇吃掉，那么应该重新刷新食物的位置，该功能可以通过设置定时器事件实现，可以通过 pygame.time 模块中的 set_timer()方法设置定时器事件，若要实现该功能，则首先应定义如下定时器事件常量。

```
# 刷新食物位置事件
FOOD_UPDATE_EVENT=pygame.USEREVENT
```

当游戏未暂停和结束时，设置每 30s 更新一次食物位置，注意，因为 pygame.time.set_timer 接收的时间单位为 ms，所以应该填入“30000”。

```
# 30s 刷新一次食物位置
pygame.time.set_timer(FOOD_UPDATE_EVENT,30000)
```

11.4.4 创建贪吃蛇

在创建贪吃蛇之前，首先要在明确游戏规则的基础上，确定贪吃蛇类应该具备哪些属性和方法，根据图 11-8 的设计，先创建如下基本的贪吃蛇类。

```
class Snake(object):
    """贪吃蛇类"""

    def __init__(self):
        self.dir_move=pygame.K_RIGHT
        self.snake_list=[]
        self.time_interval=500
        self.score=0
        self.color=(30,30,30)

    def reset_snake(self):
        """重置贪吃蛇"""
        self.dir_move=pygame.K_RIGHT
        self.time_interval=500
        self.score=0
```

当游戏开始后，贪吃蛇从界面的左上角出发向右移动，共有一节蛇头和两节蛇体，这时就需要用到添加蛇体的功能。还有一种情况就是当贪吃蛇吃到食物后，相应的要添加一节蛇体，如图 11-8 所示。

通过图 11-8 可以看到，当贪吃蛇吃到食物后，是将身体向前加了一节，而不是在蛇尾增加一节，这样处理的好处是，使增加蛇体和向前移动可以同时进行，在视觉上也使玩家感觉到蛇吃了食物后蛇体立即增加了一节，代码如下：

```
    def add_node(self):
        '''添加一节蛇体'''
        if self.snake_list:
            snake_head=self.snake_list[0].copy()
        else:
            snake_head=pygame.Rect(-20,0,20,20)
        # 调整蛇头位置
        if self.dir_move==pygame.K_RIGHT:
            snake_head.x+=20
```

```
        elif self.dir_move==pygame.K_LEFT:
            snake_head.x-=20
        elif self.dir_move==pygame.K_UP:
            snake_head.y-=20
        elif self.dir_move==pygame.K_DOWN:
            snake_head.y+=20
        # 将新蛇头放入列表 0 号位置
        self.snake_list.insert(0,snake_head)
```

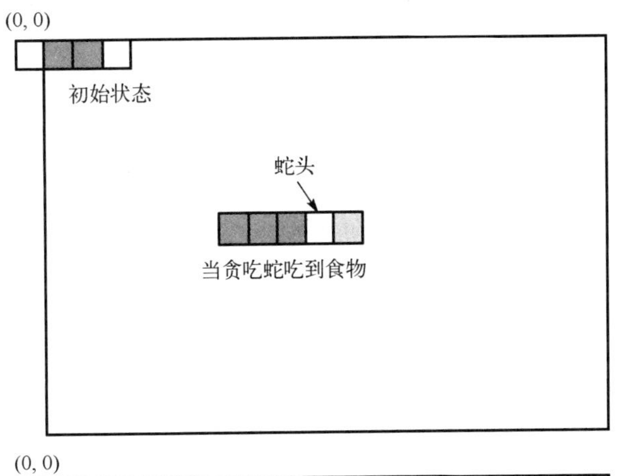

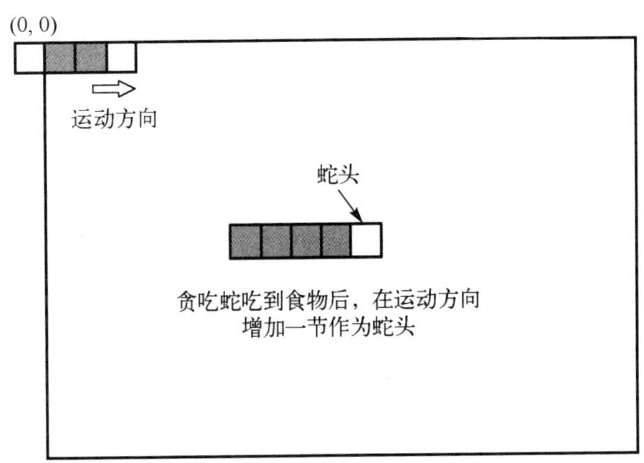

图 11-8　增加蛇体示意图

可以与绘制食物一样来绘制贪吃蛇，贪吃蛇的每节身体都存储在 snake_list 列表中，通过 for 循环绘制出每节蛇体，代码如下：

```
    for index,size in enumerate(self.snake_list):
        pygame.draw.rect(window,self.color,size,index==0)
```

接下来是控制贪吃蛇的移动方向，游戏设计初始状态下贪吃蛇是从左至右移动的，那么玩家在控制贪吃蛇移动方向时，需要注意以下两点：

（1）当贪吃蛇水平移动时，不能进行左、右方向的移动。

（2）当贪吃蛇垂直移动时，不能进行上、下方向的移动。

所以在程序中需要对当前贪吃蛇的移动方向进行判断，代码如下：

```
def change_dir(self,move_snake):
    """控制贪吃蛇的移动方向"""
    if self.dir_move in (pygame.K_RIGHT,pygame.K_LEFT) \
            and move_snake not in (pygame.K_RIGHT,pygame.K_LEFT):
        self.dir_move=move_snake
    elif self.dir_move in (pygame.K_UP,pygame.K_DOWN) \
            and move_snake not in (pygame.K_UP,pygame.K_DOWN):
        self.dir_move=move_snake
```

当游戏非暂停和结束时，玩家可以控制贪吃蛇的移动方向，代码如下：

```
if event.type==pygame.KEYDOWN:
    if event.key in (pygame.K_UP,pygame.K_DOWN,pygame.K_LEFT,pygame.K_RIGHT):
        self.snake.change_dir(event.key)
```

11.4.5　贪吃蛇吃食物及死亡的判断

根据 11.2 节中游戏规则的介绍，贪吃蛇在吃掉食物后移动速度会相应地加快，被吃掉的食物会消失，同时会在随机位置重新生成食物。这里要注意的是，食物始终不会与贪吃蛇重合。贪吃蛇吃掉食物实际上就是游戏中蛇头与食物的位置重合，pygame 中提供了一个 contains()方法可以判断两者位置是否重合，当贪吃蛇吃到食物后，游戏积分增加 5 分，贪吃蛇的移动速度提高到 50 格/ms，当贪吃蛇的移动速度达到 100 格/ms 后，即使再吃食物，速度也不会变，代码如下：

```
if self.snake_list[0].contains(food.food_rect):
    self.score+=food.food_score
    if self.time_interval>100:
        self.time_interval-=50
```

贪吃蛇出现以下两种情况之一就会死亡，游戏结束。

（1）当蛇头触碰到蛇体时，也就是蛇头坐标与任何一节蛇体坐标重合时。

（2）当蛇头触碰到游戏界面的边缘时，也就是界外范围出现蛇头坐标。

当蛇头出界或者蛇头与任何一节蛇体重合时的游戏画面如图 11-9 所示，死亡时的贪吃蛇看不到蛇头，为了优化画面，应该在贪吃蛇死亡时，将贪吃蛇倒回到上一次的移动位置。

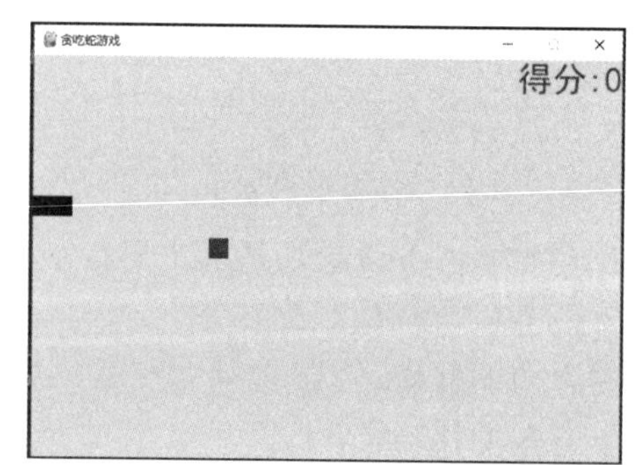

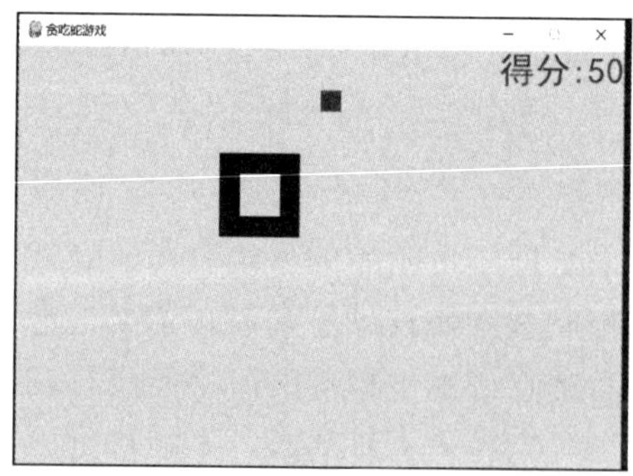

图 11-9　贪吃蛇死亡画面

判断贪吃蛇是否死亡的代码如下：

```
# 判断蛇头是否在界面内
if not SCREEN_RECT.contains(head):
    return True
# 判断蛇头是否触碰到蛇体
for body in self.snake_list[1:]:
    if body.contains(head):
        return True
```

对于贪吃蛇死亡后回到上一次位置，可以采用复制蛇体列表的方式实现，首先复制当前的蛇体列表，然后在进行移动时，若贪吃蛇死亡，则将上一次复制的蛇体列表作为当前列表，具体代码如下：

```
def move_snake(self):
    """贪吃蛇移动"""
    snake_copy=self.snake_list.copy()
    self.add_node()
    self.snake_list.pop()
    # 若贪吃蛇死亡，则要返回到上一次的移动位置
    if self.is_over():
        self.snake_list=snake_copy
        return False
    return True
```

11.5 编程实现

1. 文本类

创建文本类的关键代码如下：

```
class Lable(object):
    '''文本类'''

    def __init__(self,size=35,font_type="simhei",is_score=True):
        """
        :param size:字体大小
        :param is_score:判断是否得分
        """
        self.font=pygame.font.SysFont(font_type,size)
        self.is_score=is_score

    def draw_text(self,text,window):
        """渲染文本内容"""
        # 文字颜色
```

```
        color=SCORE_COLOR if self.is_score is True else TEXT_COLOR
        # 渲染
        text_render=self.font.render(text,True,color)
        # 得分框位于窗口的右上角
        text_location=text_render.get_rect()
        if self.is_score:
            text_location.topright=window.get_rect().topright
        else:
            text_location.center=window.get_rect().center
        # 添加到窗口
        window.blit(text_render,text_location)
```

2. 食物类

创建食物类的关键代码如下：

```
class Food(object):
    """食物类"""

    def __init__(self):
        self.food_color=(255,0,0)
        self.food_random()
        self.food_score=5

    def draw(self,window):
        pygame.draw.rect(window,self.food_color,self.food_rect)

    def food_random(self):
        '''食物的随机位置'''
        col=600/20-1
        row=400/20-1

        # 随机生成食物位置
        x=random.randint(0,int(col))*20
        y=random.randint(0,int(row))*20
        self.food_rect=pygame.Rect(x,y,20,20)
        # 30s 刷新一次食物位置
        pygame.time.set_timer(FOOD_UPDATE_EVENT,30000)
```

3. 贪吃蛇类

创建贪吃蛇类的关键代码如下：

```
class Snake(object):
    """贪吃蛇类"""

    def __init__(self):
        self.dir_move=pygame.K_RIGHT
```

```
        self.snake_list=[]
        self.time_interval=500
        self.score=0
        self.color=(30,30,30)
        for i in range(3):
            self.add_node()

    def reset_snake(self):
        """重置贪吃蛇"""
        self.dir_move=pygame.K_RIGHT
        self.time_interval=500
        self.score=0
        self.snake_list.clear()
        for i in range(3):
            self.add_node()
    def add_node(self):
        '''添加一节蛇体'''
        if self.snake_list:
            snake_head=self.snake_list[0].copy()
        else:
            snake_head=pygame.Rect(-20,0,20,20)
        # 调整蛇头位置
        if self.dir_move==pygame.K_RIGHT:
            snake_head.x+=20
        elif self.dir_move==pygame.K_LEFT:
            snake_head.x-=20
        elif self.dir_move==pygame.K_UP:
            snake_head.y-=20
        elif self.dir_move==pygame.K_DOWN:
            snake_head.y+=20
        # 将新蛇头放入列表 0 号位置
        self.snake_list.insert(0,snake_head)
        pygame.time.set_timer(SNAKE_UPDATE_EVENT,self.time_interval)
    def draw(self,window):
        """绘制贪吃蛇"""
        for index,size in enumerate(self.snake_list):
            pygame.draw.rect(window,self.color,size,index==0)
    def move_snake(self):
        """贪吃蛇移动"""
        snake_copy=self.snake_list.copy()
        self.add_node()
        self.snake_list.pop()
        # 若贪吃蛇死亡，则要回到上一次的移动位置
        if self.is_over():
```

```
            self.snake_list=snake_copy
            return False
        return True
    def change_dir(self,move_snake):
        """控制贪吃蛇的移动方向"""
        if self.dir_move in (pygame.K_RIGHT,pygame.K_LEFT) \
                and move_snake not in (pygame.K_RIGHT,pygame.K_LEFT):
            self.dir_move=move_snake
        elif self.dir_move in (pygame.K_UP,pygame.K_DOWN) \
                and move_snake not in (pygame.K_UP,pygame.K_DOWN):
            self.dir_move=move_snake
    def eat_food(self,food):
        # 蛇头与食物重合
        if self.snake_list[0].contains(food.food_rect):
            self.score+=food.food_score
            if self.time_interval>100:
                self.time_interval-=50
            self.add_node()
            return True
        return False

    def is_over(self):
        # 判断贪吃蛇是否死亡
        head=self.snake_list[0]
        # 判断蛇头是否在界面内
        if not SCREEN_RECT.contains(head):
            return True
        # 判断蛇头是否触碰到身体
        for body in self.snake_list[1:]:
            if body.contains(head):
                return True
        return False
```

4. 游戏类

创建游戏类关键代码如下：

```
class Game(object):
    '''游戏类'''
    def __init__(self):
        # 初始化窗口大小为 600*400
        self.window_main=pygame.display.set_mode((600,400))
        # 设置窗口标题
        pygame.display.set_caption("贪吃蛇游戏")
        self.score_lable=Lable()
        self.tip_lable=Lable(size=20,is_score=False)
```

```
        self.is_game_over=False
        self.is_pause=False
        self.food=Food()
        self.snake=Snake()
    def start(self):
        """开始游戏"""
        clock=pygame.time.Clock()
        while True:
            # 监听事件
            for event in pygame.event.get():
                # 退出游戏
                if event.type==pygame.QUIT:
                    return
                elif event.type==pygame.KEYDOWN:
                    if event.key==pygame.K_ESCAPE:
                        return
                    elif event.key==pygame.K_SPACE:
                        if self.is_game_over:
                            self.reset_game()
                        else:
                            self.is_pause=not self.is_pause
                # 当游戏未暂停和结束时，每 30s 更新一次位置
                if not self.is_pause and not self.is_game_over:
                    if event.type==FOOD_UPDATE_EVENT:
                        self.food.food_random()
                    elif event.type==SNAKE_UPDATE_EVENT:
                        self.is_game_over=not self.snake.move_snake()
                    elif event.type==pygame.KEYDOWN:
                        if event.key in (pygame.K_UP,pygame.K_DOWN,
pygame.K_LEFT,pygame.K_RIGHT):
                            self.snake.change_dir(event.key)
            self.window_main.fill(BACKGROUND)
            # 展示积分
            score_info=f"积分:{self.snake.score}"
            self.score_lable.draw_text(score_info,self.window_main)
            # 展示提示语
            if self.is_game_over:
                self.tip_lable.draw_text("游戏结束，按下空格键，开启下一局游
戏",self.window_main)
            elif self.is_pause:
                self.tip_lable.draw_text("暂停游戏，按下空格键继续游戏",
self.window_main)
            else:
                if self.snake.eat_food(self.food):
```

```
                    self.food.food_random()
            # 绘制贪吃蛇
            self.snake.draw(self.window_main)
            # 绘制食物
            self.food.draw(self.window_main)
            # 刷新画面
            pygame.display.update()
            # 设置帧数
            clock.tick(60)
    def reset_game(self):
        '''重置游戏'''
        self.score=0
        self.is_game_over=False
        self.is_pause=False
        self.snake.reset_snake()
        self.food.food_random()
```

11.6 小结

本章设计并实现了一个贪吃蛇游戏，在明确该游戏规则后，确定了游戏画面所包含的元素，根据这些元素设计类。在类的实现过程中，主要运用pygame库中的draw、event、time等对象来完成关键功能。

参 考 文 献

[1] 孔祥盛. Python 实战教程（微课版）[M]. 北京：人民邮电出版社，2022.
[2] 田晖，应晖. Python 语言程序设计[M]. 北京：清华大学出版社，2022.
[3] 林子雨，赵江声，陶继平. Python 程序设计基础教程（微课版）[M]. 北京：人民邮电出版社，2022.
[4] 苏琳，宋宇翔，胡洋. Python 程序设计基础[M]. 北京：清华大学出版社，2022.
[5] 刘德山，杨洪伟，崔晓松. Python 3 程序设计[M]. 北京：人民邮电出版社，2022.
[6] 方其桂. Python 程序设计项目学习课堂（微课版）[M]. 北京：清华大学出版社，2021.
[7] 高静，石瑞峰. Python 程序设计[M]. 北京：清华大学出版社，2022.
[8] 张玉叶，王彤宇. Python 程序设计项目化教程（微课版）[M]. 北京：人民邮电出版社，2021.
[9] 董付国. Python 程序设计[M]. 3 版. 北京：清华大学出版社，2020.
[10] 肖刚，张良均. Python 中文自然语言处理基础与实战[M]. 北京：人民邮电出版社，2021.
[11] 董付国. Python 程序设计开发宝典[M]. 北京：清华大学出版社，2017.
[12] 宗大华，宗涛. Python 程序设计基础教程（慕课版）[M]. 北京：人民邮电出版社，2021.
[13] 陈承欢，汤梦姣. Python 程序设计任务驱动式教程（微课版）[M]. 北京：人民邮电出版社，2021.
[14] 郭炜. Python 程序设计基础及实践（慕课版）[M]. 北京：人民邮电出版社，2021.
[15] 肖朝晖，李春忠，李海强. Python 程序设计（慕课版）[M]. 北京：人民邮电出版社，2021.
[16] 王浩，袁琴，张明慧. Python 数据分析案例实战（慕课版）[M]. 北京：人民邮电出版社，2020.
[17] 徐光侠，常光辉，解绍词，等. Python 程序设计案例教程[M]. 北京：人民邮电出版社，2017.